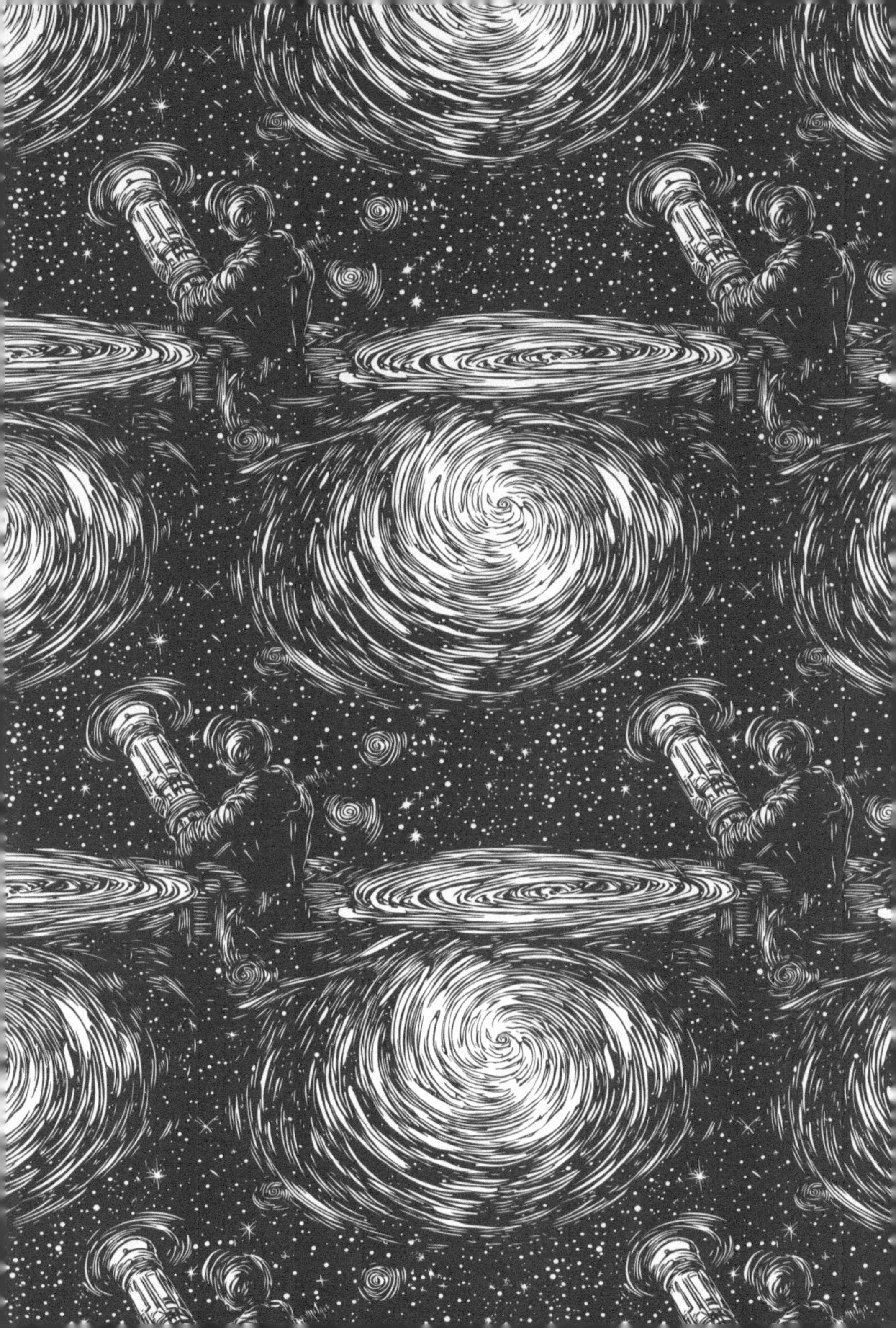

Colophon

Saage Media GmbH
c/o SpinLab – The HHL Accelerator
Spinnereistraße 7
04179 Leipzig, Germany
E-Mail: contact@SaageMedia.com
Web: www.SaageMedia.com
Commercial Register: Local Court Leipzig, HRB 42755 (Handelsregister: Amtsgericht Leipzig, HRB 42755)
Managing Director: Rico Saage (Geschäftsführer)
VAT ID Number: DE369527893 (USt-IdNr.)

Editore: Saage Media GmbH
Pubblicazione: 02.2025
Design della copertina: Saage Media GmbH
ISBN Brossura (it): 978-3-384-52463-8
ISBN Ebook (it): 978-3-384-52464-5

Note legali / Avvisi

I link esterni e i riferimenti alle fonti elencati in questo libro sono stati verificati al momento della pubblicazione. L'autore non ha alcuna influenza sulla progettazione e sui contenuti attuali e futuri delle pagine collegate. Il fornitore del sito web collegato è l'unico responsabile per contenuti illegali, errati o incompleti e per danni derivanti dall'uso o dal mancato uso delle informazioni, non chi fa riferimento alla rispettiva pubblicazione tramite link. Tutte le fonti esterne utilizzate sono elencate nella bibliografia. Nonostante l'accurato controllo dei contenuti, non ci assumiamo alcuna responsabilità per i contenuti di fonti esterne. Gli operatori delle fonti citate sono gli unici responsabili del loro contenuto. Immagini e fonti di terzi sono contrassegnate come tali. La riproduzione, l'elaborazione, la distribuzione e qualsiasi tipo di sfruttamento al di fuori dei limiti del diritto d'autore richiedono il consenso scritto dell'autore o del creatore.
Questo libro è stato tradotto dal tedesco. Non si possono escludere completamente deviazioni dall'originale o errori di traduzione. Tutte le fonti citate nel libro sono disponibili in inglese. Non ci assumiamo alcuna responsabilità per eventuali imprecisioni o malintesi di contenuto derivanti dalla traduzione.
I dati nei diagrammi che non sono esplicitamente contrassegnati con una fonte non si basano su studi ma sono ipotesi non vincolanti per una migliore visualizzazione.
Questo libro è stato creato utilizzando l'Intelligenza Artificiale (IA) e altri strumenti. Tra le altre cose, sono stati utilizzati strumenti per la ricerca, la scrittura/editing e la generazione di illustrazioni decorative. Nonostante i controlli, non si possono escludere completamente gli errori. Vorremmo sottolineare che l'uso dell'IA serve come strumento di supporto per offrire ai nostri lettori un'esperienza di lettura di alta qualità e stimolante.

I riferimenti e le citazioni contenuti in questo libro sono stati accuratamente ricercati e riprodotti nel loro significato. L'interpretazione e la presentazione del contenuto citato riflettono la comprensione dell'autore e non necessariamente corrispondono all'intenzione o all'opinione degli autori originali. Per le citazioni parafrasate, le dichiarazioni principali delle fonti originali sono state incorporate nel contesto di quest'opera secondo le migliori conoscenze e convinzioni, ma possono deviare dalle formulazioni originali e dalle sfumature di significato a causa del trasferimento e della semplificazione. Tutte le fonti utilizzate sono completamente elencate nella bibliografia e possono essere lette lì nell'originale. La responsabilità dell'interpretazione e dell'incorporazione contestuale del contenuto citato è dell'autore di questo libro. Per domande scientifiche e informazioni dettagliate, si raccomanda di consultare le fonti originali. L'autore si è sforzato di presentare argomenti scientifici complessi in modo generalmente comprensibile. Non si possono escludere semplificazioni e generalizzazioni. Non può essere fornita alcuna garanzia per l'accuratezza tecnica e la completezza delle presentazioni semplificate. La riproduzione parafrasata di citazioni e scoperte scientifiche viene effettuata coscienziosamente in conformità con la legge sulle citazioni secondo § 51 UrhG e tutte le disposizioni pertinenti sul diritto d'autore di altri paesi. Quando si semplifica, trasferisce e possibilmente traduce contenuto scientifico in un linguaggio generalmente comprensibile, si possono perdere sfumature di significato e dettagli tecnici. L'autore non rivendica diritti sulle opere citate e rispetta tutti i diritti d'autore degli autori originali. Se viene rilevato un uso non autorizzato, l'autore chiede di essere informato per prendere le misure appropriate. Per scopi accademici e quando utilizzato come riferimento scientifico, si raccomanda espressamente di consultare le fonti originali. La presentazione semplificata serve esclusivamente per informazione scientifica popolare.

I dati astronomici, le indicazioni per l'osservazione e le informazioni tecniche contenuti in questo atlante sono stati accuratamente ricercati e compilati. Tuttavia, i fatti astronomici, le posizioni dei corpi celesti e i dettagli tecnici potrebbero essere cambiati dalla stampa. Non si può garantire l'aggiornamento, l'accuratezza e la completezza delle informazioni fornite. L'osservazione del cielo notturno e l'uso di attrezzature astronomiche avvengono a proprio rischio. Non si assume alcuna responsabilità per danni derivanti dall'applicazione delle tecniche descritte o da un uso improprio di telescopi e altri strumenti astronomici. Tutti i marchi, i nomi dei prodotti e i loghi di telescopi, attrezzature astronomiche e programmi software sono di proprietà dei rispettivi titolari dei diritti e sono menzionati qui solo a scopo informativo. Le carte celesti, le fotografie e le illustrazioni in quest'opera sono protette da copyright. Qualsiasi riproduzione, modifica o pubblica esecuzione richiede l'esplicita autorizzazione scritta. Le fonti dei dati scientifici, dei risultati di ricerca e del materiale fotografico possono essere trovate nell'appendice del libro. Questo atlante non sostituisce una formazione o consulenza astronomica professionale. Nella pianificazione di osservazioni astronomiche complesse o nell'acquisto di attrezzature di alta qualità, si consiglia di consultare esperti del settore o rivenditori qualificati.

Bendis Saage

Scopri l'Universo: Atlante di Astronomia e Guida allo Spazio Profondo

Un manuale di astronomia completo per esplorare il cosmo, dalle tecniche di osservazione alla comprensione dei fenomeni celesti

33 Fonti
44 Diagrammi
75 Immagini
7 Illustrazioni

Cari lettori,

vi ringraziamo di cuore per aver scelto questo libro. Con la vostra scelta ci avete dato non solo la vostra fiducia, ma anche parte del vostro prezioso tempo. Lo apprezziamo molto.

Il cielo notturno affascinante ha da sempre suscitato la curiosità dell'uomo. Ma come orientarsi nella vasta e apparentemente infinita distesa dell'universo? Questo pratico manuale guida sistematicamente attraverso le basi dell'astronomia amatoriale - dalla scelta del telescopio giusto alla navigazione nel cielo stellato fino all'osservazione di galassie lontane. Con istruzioni precise, mappe stellari dettagliate e consigli di osservazione collaudati, rende l'esplorazione del cosmo accessibile. I lettori imparano a identificare in modo sicuro gli oggetti celesti, a documentare fenomeni astronomici e a utilizzare efficacemente i più moderni strumenti digitali. Un focus particolare è posto sullo sviluppo graduale delle abilità pratiche di osservazione. Un compagno affidabile per tutti coloro che desiderano scoprire di più sul nostro affascinante universo e esplorare il cielo notturno in autonomia. Inizia oggi stesso il tuo viaggio personale verso le stelle!

Questa guida fornisce informazioni comprensibili e pratiche su un argomento complesso. Grazie a strumenti digitali autoprodotti che utilizzano anche reti neurali, siamo stati in grado di condurre ricerche approfondite. I contenuti sono stati strutturati in modo ottimale e sviluppati fino alla versione finale per fornire una panoramica ben fondata e facilmente accessibile. Il risultato: ottieni una visione completa e benefici di spiegazioni chiare ed esempi illustrativi. Anche il design visivo è stato ottimizzato attraverso questo metodo avanzato in modo da poter cogliere e utilizzare rapidamente le informazioni.

Ci impegniamo per la massima precisione, ma siamo grati per qualsiasi segnalazione di possibili errori. Visitate il nostro sito web per trovare le ultime correzioni e aggiunte a questo libro. Queste saranno incorporate anche nelle edizioni future.

Speriamo che vi piaccia leggere e scoprire cose nuove! Se avete suggerimenti, critiche o domande, attendiamo il vostro feedback. Solo attraverso uno scambio attivo con voi lettori le future edizioni e opere potranno diventare ancora migliori. Restate curiosi!

Bendis Saage

Saage Media GmbH - Squadra

- www.SaageBooks.com/it
- support@saagemedia.com
- Spinnereistraße 7 - c/o SpinLab – The HHL Accelerator, 04179 Leipzig, Germany

Accesso rapido alla conoscenza

Per garantire un'esperienza di lettura ottimale, desideriamo familiarizzarvi con le caratteristiche principali di questo libro:

- **Struttura Modulare:** Ogni capitolo è autonomo e può essere letto indipendentemente dagli altri.
- **Ricerca Approfondita:** Tutti i capitoli si basano su ricerche approfondite e sono supportati da riferimenti scientifici. I dati mostrati nei diagrammi servono per una migliore visualizzazione e si basano su ipotesi, non sui dati forniti nelle fonti. Un elenco completo delle fonti e dei crediti delle immagini si trova nell'appendice.
- **Terminologia Chiara:** I termini tecnici sottolineati sono spiegati nel glossario.
- **Riassunti dei Capitoli:** Alla fine di ogni capitolo troverete riassunti concisi che vi daranno una panoramica dei punti chiave.
- **Raccomandazioni Concrete:** Ogni sottocapitolo si conclude con un elenco di consigli specifici per aiutarvi a mettere in pratica ciò che avete imparato.

Materiali bonus aggiuntivi sul nostro sito web

Sul nostro sito web pianifichiamo di mettere a disposizione i seguenti materiali esclusivi:

- Contenuti bonus e capitoli aggiuntivi
- Un riepilogo complessivo compatto
- Una versione radiodrammatica. (In pianificazione)

Il sito web è attualmente in costruzione.

www.SaageBooks.com/it/scopri_luniverso-bonus-SVZTFQ

Indice

- 3. Spazio profondo
  - 3. 1 Osservare le galassie
    - Esplorare la Via Lattea
    - Catturare Andromeda
    - Identificare gli ammassi di galassie
  - 3. 2 Documentare le nebulose
    - Rintracciare le nebulose a emissione
    - Trovare le nebulose planetarie
    - Riconoscere le nebulose a riflessione
  - 3. 3 Analizzare gli ammassi stellari
    - Mappare gli ammassi aperti
    - Catturare gli ammassi globulari
    - Osservare le stelle multiple

- 4. Fenomeni astrofisici
  - 4. 1 Capire lo spazio-tempo
    - Osservare gli effetti gravitazionali
    - Rilevare i buchi neri
    - Analizzare la distribuzione della materia
  - 4. 2 Radiazioni cosmiche
    - Localizzare le fonti di radiazioni
    - Riconoscere i modelli energetici
    - Misurare i flussi di particelle
  - 4. 3 Strutture dell'universo
    - Rilevare la materia oscura
    - Comprendere teoricamente gli universi paralleli

1. Fondamenti di Astronomia

"Chi guarda il cielo in una notte limpida vede più di semplici punti luminosi nell'oscurità. L'osservazione sistematica del cielo notturno apre una finestra affascinante su mondi lontani e fenomeni cosmici. Dalla semplice osservazione del cielo a occhio nudo all'uso di telescopi moderni, l'arte dell'osservazione astronomica si è costantemente evoluta. Questo capitolo fornisce gli strumenti fondamentali per l'esplor

1. 1 Tecniche di Osservazione

Osservazioni celesti di successo richiedono più di un buon telescopio o binocolo. La scelta del giusto luogo e l'applicazione di tecniche di osservazione efficaci sono fondamentali per sfruttare appieno il potenziale della propria attrezzatura. L'inquinamento luminoso, le perturbazioni atmosferiche e le forme del terreno sfavorevoli possono compromettere significativamente la visibilità degli oggetti celesti. Questa sezione affronta le sfide e ti mostra come superarle per ottenere affascinanti intuizioni sull'universo. Preparati a ottimizzare le tue osservazioni astronomiche e a vivere le meraviglie del cielo notturno in tutto il loro splendore.

La combinazione di bassa inquinamento luminoso, condizioni atmosferiche tranquille e vista libera all'orizzonte massimizza il successo dell'osservazione.

Tipi di telescopi e funzionamento

I telescopi ampliano la nostra percezione dell'universo raccogliendo e concentrando la luce da lontano. I due principali tipi, rifrattori e riflettori, si differenziano nel loro funzionamento. I rifrattori utilizzano lenti per piegare la luce e raccoglierla in un punto focale. Proprio come una lente d'ingrandimento concentra la luce solare, la lente obiettivo di un rifrattore focalizza la luce delle stelle. I riflettori, invece, utilizzano specchi. Uno specchio concavo, lo specchio principale, cattura la luce e la riflette verso uno specchio secondario più piccolo, che poi dirige la luce verso l'oculare. La scelta del tipo di telescopio dipende da vari fattori, come l'oggetto da osservare e il budget. Per l'osservazione di pianeti e della luna, i rifrattori sono adatti grazie alla loro elevata capacità di risoluzione. Se invece si desidera osservare oggetti deep-sky, come galassie o nebulose, un riflettore con un'apertura maggiore è la scelta migliore, poiché raccoglie più luce. Oltre a questi due principali tipi, ci sono ulteriori varianti, come il telescopio catadiottrico. Questi telescopi combinano lenti e specchi per ottenere una costruzione compatta con una lunga lunghezza focale. Un esempio sono i telescopi Schmidt-Cassegrain, spesso utilizzati dagli astrofili, poiché sono portatili e offrono buone prestazioni. Un fattore importante per le prestazioni di un telescopio è il diametro dell'apertura: più grande è l'apertura, più luce raccoglie il telescopio e più oggetti deboli diventano visibili. L'apertura è espressa in millimetri o pollici. Un telescopio con un'apertura di 200 mm raccoglie significativamente più luce di uno con 100 mm, consentendo così l'osservazione di stelle e galassie più deboli. La ingrandimento di un telescopio è data dal rapporto tra la lunghezza focale del telescopio e quella dell'oculare. Cambiando l'oculare, è possibile regolare l'ingrandimento. Un ingrandimento elevato non è sempre vantaggioso, poiché può rendere l'immagine più scura e sfocata, specialmente in condizioni di scarsa visibilità. Pertanto, quando si acquista un telescopio, non si deve prestare attenzione solo all'ingrandimento massimo, ma anche alla qualità dell'ottica e alla stabilità del montaggio.

Un montaggio stabile è essenziale per garantire un'immagine priva di vibrazioni, soprattutto ad ingrandimenti elevati. Esistono diversi tipi di

montaggio, come il montaggio altazimutale, che può muoversi orizzontalmente e verticalmente, e il montaggio equatoriale, che è orientato verso il polo celeste e può compensare la rotazione apparente del cielo. La scelta del montaggio dipende dal tipo di osservazione e dalle preferenze personali. Le prestazioni di un telescopio sono influenzate anche dalle condizioni atmosferiche. Le turbolenze nell'atmosfera possono rendere l'immagine sfocata, un fenomeno noto come seeing. Una posizione con bassa inquinamento luminoso e aria calma migliora notevolmente le condizioni di osservazione. Se si osserva da un'area urbana, è possibile ridurre gli effetti dell'inquinamento luminoso utilizzando filtri. Questi filtri bloccano determinate lunghezze d'onda della luce provenienti da fonti di luce artificiali, lasciando passare la luce delle stelle. La scelta del telescopio giusto dipende quindi da vari fattori, tra cui gli oggetti da osservare, il budget e le condizioni di osservazione. Informarsi a fondo sui diversi tipi di telescopi e sui loro pro e contro prima dell'acquisto è fondamentale. Se possibile, visitare un osservatorio o un club di astronomia per provare diversi telescopi e ricevere consigli da astrofili esperti. Un telescopio con un'apertura maggiore raccoglie più luce, consentendo così l'osservazione di oggetti più deboli. La scelta del montaggio influisce sulla stabilità e sulla facilità d'uso del telescopio.

Utile sapere

Inquinamento Luminoso

L'inquinamento luminoso è causato dalla luce artificiale e compromette la visibilità degli oggetti celesti. Le posizioni scure lontane dalle città offrono migliori condizioni di osservazione.

Montaggio Altazimutale

Un montaggio altazimutale consente movimenti orizzontali e verticali del telescopio. È facile da usare, ma meno adatto per osservazioni a lungo termine o astrofotografia.

Montaggio Equatoriale

Un montaggio equatoriale è orientato verso il polo celeste e può compensare la rotazione terrestre. Ciò consente un'inseguimento semplice degli oggetti celesti ed è ideale per l'astrofotografia.

Oggetti Deep-Sky

Gli oggetti deep-sky sono oggetti celesti al di fuori del nostro sistema solare, come galassie, nebulose e ammassi stellari. Spesso sono deboli e richiedono telescopi con aperture maggiori per l'osservazione.

Telescopio Catadiottrico

I telescopi catadiottrici, come i sistemi Schmidt-Cassegrain, combinano lenti e specchi. Offrono una costruzione compatta e una lunga lunghezza focale, rendendoli ideali per l'astrofotografia.

Confronto della luminosità

Confronto della capacità di raccolta della luce

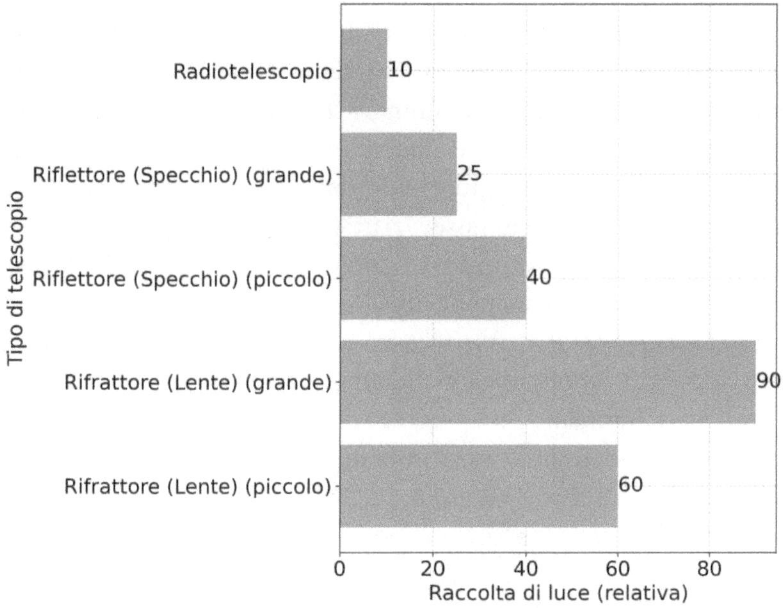

RAD: Radiotelescopio

REF: Rifrattore (Lente) (piccolo)

RER: Rifrattore (Lente) (grande)

RSG: Riflettore (Specchio) (grande)

RSP: Riflettore (Specchio) (piccolo)

Il diagramma a barre orizzontale illustra la capacità relativa di raccolta della luce di diversi tipi di telescopi. I telescopi a riflessione, in particolare quelli grandi, mostrano prestazioni significativamente migliori rispetto ai telescopi a rifrazione di dimensioni comparabili. Ciò è dovuto alla maggiore apertura possibile dei telescopi a riflessione. Anche i radiotelescopi raccolgono la radiazione elettromagnetica, ma nella gamma delle onde radio e la loro "capacità di raccolta della luce" deve essere interpretata in modo diverso e quindi non è direttamente comparabile.

Astronomia con il Binocolo per Principianti

I binocoli offrono un eccellente punto di partenza per l'osservazione del cielo, senza la complessità e i costi di un telescopio. Anche con un modello semplice è possibile scoprire dettagli affascinanti nel cielo notturno. La scelta del binocolo giusto dipende da fattori come ingrandimento, diametro dell'obiettivo e peso. Questi tre valori sono solitamente indicati sul binocolo, ad esempio come 7x50. Il primo numero (7) rappresenta l'ingrandimento sette volte, il secondo (50) il diametro delle lenti in millimetri. Un diametro dell'obiettivo maggiore significa maggiore ingresso di luce e quindi immagini più luminose, particolarmente utile per osservare oggetti deboli come ammassi stellari o nebulose. Tuttavia, con l'aumento del diametro aumenta anche il peso, rendendo più difficile l'uso senza treppiede. Per osservazioni prolungate, è quindi consigliabile un treppiede per garantire un'immagine stabile. Un binocolo 10x50 offre un ingrandimento maggiore, ma può rapidamente portare a immagini mosse se usato a mano libera. La luminosità apparente di una stella è indicata dalla sua magnitudine. Più piccolo è questo valore, più luminosa è la stella. Con un binocolo è possibile osservare stelle che non sono visibili ad occhio nudo. La Nebulosa di Orione, una nebulosa a emissione nella costellazione di Orione, è un esempio impressionante di un oggetto che può essere ben osservato con un binocolo. Appare come una macchia sfocata, in cui in buone condizioni sono visibili anche delle strutture. Anche gli ammassi stellari aperti, cioè raggruppamenti di stelle sparse, offrono una bella vista attraverso il binocolo. Le Pleiadi, conosciute anche come il Sette Sorelle, sono un tale ammasso che è già ben visibile ad occhio nudo, ma nel binocolo mostra la sua vera bellezza. Le singole stelle dell'ammasso diventano chiaramente visibili e offrono un panorama scintillante. Per trovare più facilmente gli oggetti celesti, utilizzate mappe stellari o app di astronomia. Queste vi aiutano a orientarvi nel cielo notturno e a determinare la posizione di pianeti, costellazioni e altri oggetti interessanti. Il movimento apparente del cielo a causa della rotazione terrestre richiede un inseguimento del binocolo, specialmente a ingrandimenti maggiori. Una mappa stellare rotante, che può essere impostata su data e ora, è uno strumento utile per l'orientamento. Mostra l'attuale porzione di cielo e facilita la ricerca di oggetti. Oltre alle mappe stellari, le app di astronomia per smartphone e tablet offrono funzionalità aggiuntive come realtà aumentata. Queste app sovrappongono l'immagine della fotocamera con informazioni sugli oggetti celesti visibili, semplicemente puntando il vostro smartphone verso il cielo. Spesso forniscono anche informazioni dettagliate sugli oggetti, sulla loro storia e sulle loro caratteristiche. In questo modo, durante l'osservazione, potete apprendere di più sugli oggetti osservati.

Fate attenzione a utilizzare un'impostazione notturna con illuminazione rossa per mantenere la vostra adattamento al buio. L'adattamento degli occhi all'oscurità richiede circa 20 minuti e consente di percepire chiaramente molte più stelle e dettagli. Fonti di luce bianche e brillanti disturbano questo adattamento e riducono la visibilità. La scelta del luogo di osservazione influisce sulla qualità dell'osservazione del cielo. Luoghi con bassa lichtverschmutzung, lontano dalle aree urbane, offrono le migliori condizioni. Qui lo sfondo del cielo è più scuro, rendendo gli oggetti deboli più visibili. Anche le condizioni atmosferiche, come umidità e instabilità dell'aria, influenzano la visibilità. Notti chiare e secche con aria calma offrono le migliori condizioni per osservazioni dettagliate. Informatevi sulle previsioni del tempo e sulla fase lunare. Una luna brillante può compromettere l'osservazione di oggetti deboli. Pertanto, scegliete, se possibile, notti di luna nuova o calante per l'osservazione del cielo profondo. I binocoli sono strumenti versatili per l'astronomia e offrono un buon punto di partenza nel mondo dell'osservazione del cielo. Con un po' di pratica e gli strumenti giusti, potete ottenere affascinanti intuizioni sull'universo. Dalla visione dettagliata della luna all'osservazione dei pianeti fino agli oggetti deboli del cielo profondo, i binocoli aprono un ampio spettro di possibilità di osservazione. La combinazione di facilità d'uso, mobilità e prezzo accessibile li rende compagni ideali per chi desidera esplorare il cielo notturno.

Oggetti del profondo cielo [i1]

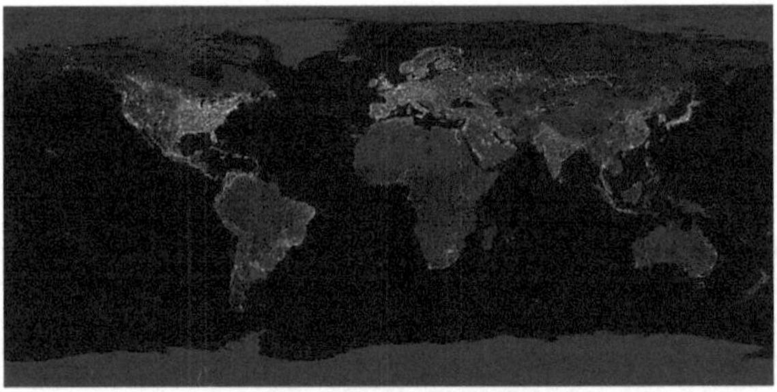

Inquinamento luminoso [i2]

Ammasso aperto [i3]

Utile sapere

Ammassi Stellari Aperti

Gli ammassi stellari aperti sono gruppi di stelle legati debolmente tra loro dalla gravità. Si formano da una stessa nube di gas e contengono spesso centinaia o migliaia di stelle. A differenza degli ammassi globulari, sono meno densi e si trovano principalmente nei bracci a spirale delle galassie.

Oggetti del Cielo Profondo

Gli oggetti del cielo profondo sono oggetti celesti al di fuori del nostro sistema solare, come galassie, nebulose e ammassi stellari. Spesso sono deboli e richiedono condizioni di osservazione buie e, se necessario, strumenti ottici come binocoli o telescopi.

Nebulose a Emissione

Le nebulose a emissione sono nubi di gas che vengono eccitate a brillare dalla radiazione di stelle vicine. La radiazione ad alta energia ionizza il gas, che poi emette luce a diverse lunghezze d'onda quando ritorna a uno stato energetico più basso, creando i colori vivaci che possiamo osservare.

Realtà Aumentata

La realtà aumentata è una tecnologia che sovrappone il mondo reale con informazioni generate al computer. In astronomia può essere utilizzata per visualizzare mappe stellari e informazioni sugli oggetti celesti direttamente nel campo visivo dell'osservatore.

Obiettivi di osservazione astronomica per principianti con binocolo

Distribuzione di oggetti celesti adatti all'osservazione astronomica con binocolo per principianti.

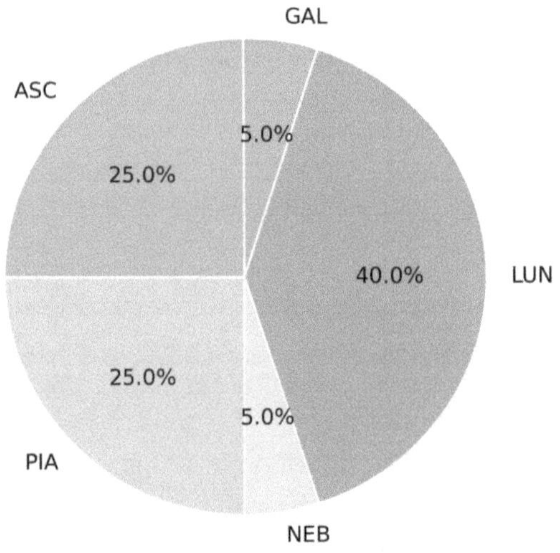

ASC: Ammassi Stellari (ad esempio, Pleiadi, Iadi)

LUN: La Luna

PIA: Pianeti (Venere, Marte, Giove, Saturno)

GAL: Galassie (ad esempio, Galassia di Andromeda)

NEB: Nebulose (ad esempio, Nebulosa di Orione)

La Luna domina come obiettivo grazie alla sua luminosità e alla visibilità dei dettagli, seguita da ammassi stellari e pianeti luminosi che offrono viste gratificanti per i principianti con il binocolo. Mentre nebulose e galassie sono visibili, la loro debolezza le rende meno ideali come obiettivi iniziali con il binocolo. Questa distribuzione suggerisce di concentrarsi sulla Luna, sui pianeti e sugli ammassi stellari per le prime esperienze di astronomia con il binocolo.

Luoghi di osservazione ottimali

La scelta del luogo di osservazione influisce notevolmente sul successo di un'osservazione del cielo. Tre fattori sono decisivi: lichtverschmutzung, condizioni atmosferiche e conformazione del terreno. La luce ambientale urbana sovrasta gli oggetti celesti deboli e riduce il contrasto. Pertanto, cercate luoghi lontani dagli insediamenti per ottenere uno sfondo del cielo il più scuro possibile. Siti web e app offrono mappe sull'inquinamento luminoso che possono aiutare nella ricerca del luogo. Una di queste mappe può ad esempio indicarvi la strada verso un luogo di osservazione adatto nella vostra regione. Oltre all'inquinamento luminoso, le condizioni atmosferiche giocano un ruolo importante. Le turbolenze nell'aria, il cosiddetto seeing, causano un tremolio delle stelle e riducono la nitidezza dell'immagine. Masse d'aria calme, che si trovano spesso in alture elevate e sopra i corpi idrici, offrono condizioni migliori. Un cielo sereno è ovviamente una condizione necessaria per qualsiasi osservazione del cielo. Informatevi sulle previsioni meteorologiche per sfruttare le notti chiare. Anche la conformazione del terreno del luogo di osservazione è rilevante. Un orizzonte libero senza alberi o edifici disturbanti consente una vista ininterrotta del cielo. I pendii montuosi o le alture possono essere vantaggiosi in questo caso. La combinazione di questi tre fattori – basso inquinamento luminoso, condizioni atmosferiche calme e vista orizzontale libera – aumenta la probabilità di un'osservazione di successo. L'analisi di dati multi-temporali, simile a quanto avviene in archeologia per migliorare la visibilità delle caratteristiche [s1], potrebbe essere utilizzata anche in astronomia per ottimizzare la scelta del luogo. Combinando dati su inquinamento luminoso, seeing e meteo su un lungo periodo, potrebbero essere identificate condizioni di osservazione particolarmente favorevoli.

Utile sapere

Dati multi-temporali

Dati che registrano lo stesso luogo in momenti diversi, rendendo visibili i cambiamenti nel tempo. In astronomia, i dati multi-temporali possono essere utilizzati per analizzare, ad esempio, l'inquinamento luminoso o il seeing su un lungo periodo e identificare così condizioni di osservazione ottimali.

Estinzione atmosferica vs. altitudine

Correlazione tra l'altitudine di osservazione e l'estinzione atmosferica.

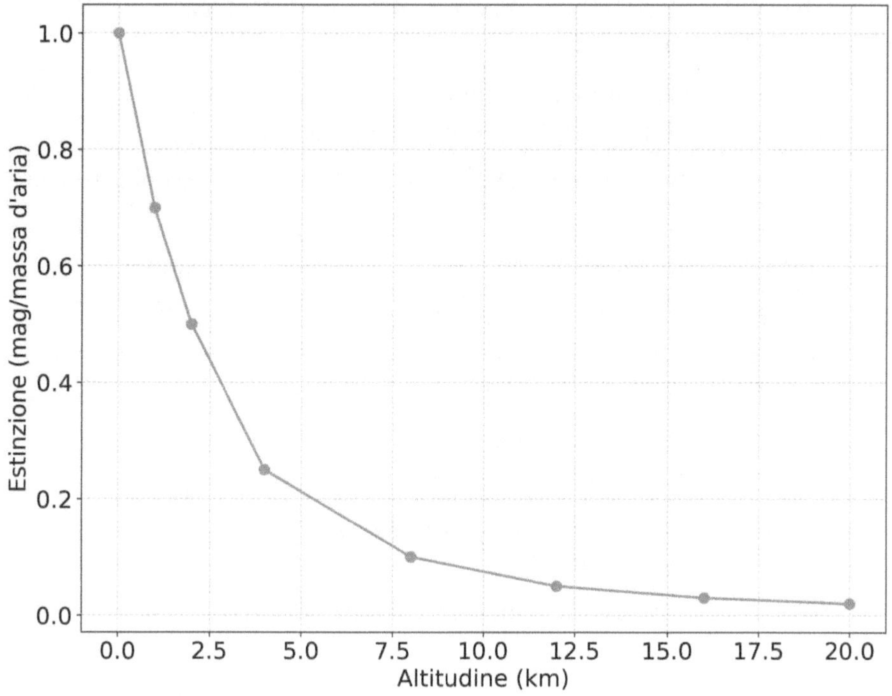

altitudini più elevate riducono significativamente le interferenze atmosferiche, con conseguente miglior visibilità e osservazioni celesti più chiare. L'effetto decrescente diventa meno pronunciato al di sopra di una certa altitudine, suggerendo un punto di rendimenti decrescenti per gli osservatori terrestri.

Consigli concreti

- Segui il percorso del sole per diversi giorni e annota la sua posizione a orari prestabiliti.
- Costruisci un semplice orologio solare e confronta la sua misurazione del tempo con quella di un orologio tradizionale.
- Documenta le fasi lunari per un mese, disegnando o fotografando la parte visibile della luna.
- Osserva le differenze di luminosità delle stelle e cerca di classificarle in livelli di luminosità.
- Confronta la visibilità delle stelle in città e in campagna per riconoscere l'influenza dell'inquinamento luminoso.
- Utilizza un binocolo per identificare le costellazioni e schizzarne la forma.
- Cerca osservatori astronomici o associazioni di astronomia accessibili nella tua zona e partecipa a serate di osservazione.
- Sperimenta con diversi filtri al tuo telescopio o binocolo e osserva i loro effetti sulla visibilità degli oggetti celesti.
- Crea un registro di osservazione in cui annoti data, ora, luogo di osservazione, strumento e oggetti visti.
- Fotografa il cielo notturno con esposizione prolungata per catturare il movimento delle stelle.
- Segui il percorso di un pianeta per diverse settimane e annota la sua posizione rispetto alle stelle.
- Determina la direzione del cielo con l'aiuto della stella polare e verifica i tuoi risultati con una bussola.
- Costruisci un semplice modello del sistema solare per illustrare le proporzioni e le distanze dei pianeti.

1. 2 Orientamento nel cielo notturno

L'orientamento nel cielo notturno è essenziale per l'osservazione astronomica e consente una comprensione più profonda del cosmo. Comprende la determinazione delle direzioni cardinali, il riconoscimento delle costellazioni e la localizzazione precisa degli oggetti celesti. In questo contesto, le influenze atmosferiche e il movimento apparente delle stelle rappresentano delle sfide. Questo capitolo fornisce le basi per affrontare queste sfide e orientarsi nel mare di stelle notturne. Scoprite le affascinanti possibilità di navigazione oltre i punti di riferimento terrestri.

L'altezza della Stella Polare sopra l'orizzonte corrisponde alla latitudine geografica dell'osservatore.

Determinare i Punti Cardinali

La determinazione dei punti cardinali è possibile durante il giorno grazie al sole. Il sole si muove da est a ovest, raggiungendo il suo punto più alto a mezzogiorno verso sud (nell'emisfero nord) [s2]. Questo punto può essere utilizzato per determinare la direzione nord. Un bastone piantato verticalmente nel terreno proietta un'ombra durante il giorno, la cui lunghezza minima si raggiunge a mezzogiorno e punta verso nord [s2]. Si può paragonare a una meridiana, che in passato veniva utilizzata per la navigazione [s2].

Meridiana [i4]

Di notte, la Via Lattea (MW) offre un modo per orientarsi. Si estende come una striscia luminosa nel cielo e presenta un gradiente di intensità luminosa [s3]. Questo gradiente va da nord a sud, permettendo di ottenere una direzione nord-sud approssimativa confrontando l'intensità luminosa in diverse aree della MW [s3]. Proprio come i scarabei stercorari notturni, che utilizzano la MW per orientarsi, anche gli esseri umani possono usare questo corpo celeste come punto di riferimento a breve termine [s3]. Tuttavia, la MW non funge da bussola precisa, ma indica una direzione

Via Lattea [i5]

generale [s3]. Inoltre, le stelle possono essere utilizzate per determinare i punti cardinali e la propria posizione. Con uno strumento di misurazione angolare, è possibile determinare l'angolo tra una stella e l'orizzonte [s4]. In combinazione con la conoscenza dell'ora attuale e della data, è possibile calcolare la posizione. In passato, questo metodo era particolarmente importante per la navigazione in mare [s4]. Le tecniche moderne di tracciamento delle stelle raggiungono elevati livelli di precisione, ma sono influenzate da fattori atmosferici [s4]. È importante notare che la posizione apparente delle stelle può essere influenzata da effetti atmosferici [s4]. L'altezza di una stella sopra l'orizzonte fornisce una cosiddetta 'linea di posizione' [s5]. Misurando gli angoli di elevazione di più stelle, le linee di posizione risultanti si intersecano nel punto in cui si trova l'osservatore [s5]. Questo metodo, combinato con tecnologie moderne come il sistema di riferimento di posizione e rotta (AHRS), consente di determinare la posizione anche senza GPS [s5]. Attraverso una rotazione completa attorno alla direzione della bussola e la media dei dati di posizione, è possibile compensare le imprecisioni nel sistema [s5].

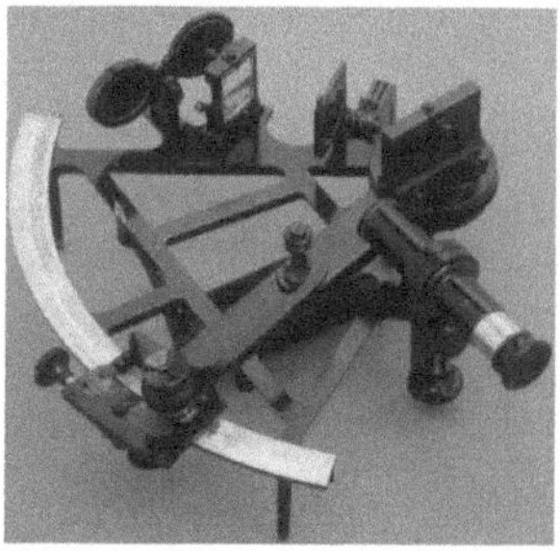

Sestante [i6]

Utile sapere

Sistema di riferimento di posizione e rotta

AHRS (Attitude and Heading Reference System) sono sistemi che forniscono informazioni sull'orientamento e il movimento di un oggetto nello spazio. Combinano sensori come giroscopi, accelerometri e magnetometri per ottenere dati precisi su posizione, rotta e velocità angolare. Nel contesto dell'astronomia, i sistemi AHRS possono essere utilizzati nei telescopi per garantire un allineamento preciso sugli oggetti celesti e compensare gli effetti dei movimenti e delle vibrazioni.

Via Lattea

La Via Lattea è la nostra galassia, una raccolta a spirale di miliardi di stelle, gas e polvere. Nelle notti chiare e scure, appare come una striscia luminosa nel cielo.

Metodi di Orientamento nel Cielo Notturno

Distribuzione delle tecniche di navigazione celeste.

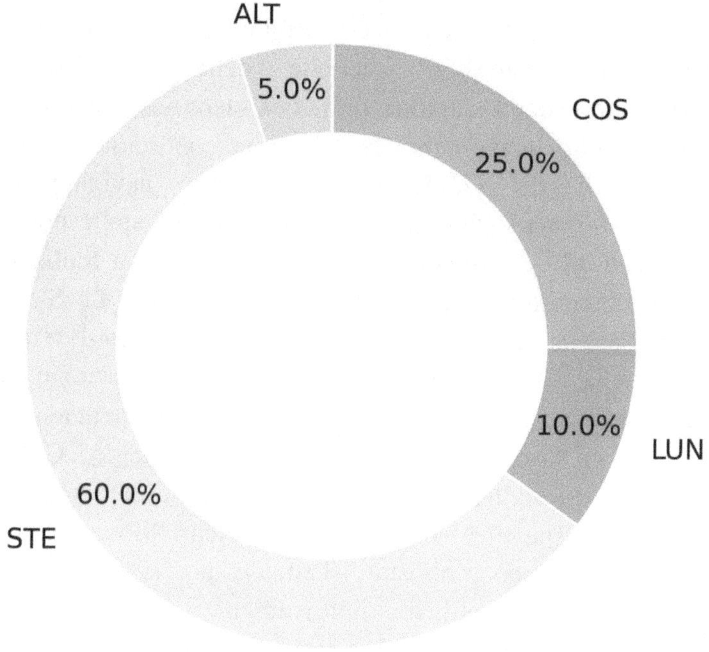

ALT: Altri Metodi (es. Croce del Sud, dispositivi elettronici)

COS: Costellazioni

LUN: Posizione Lunare

STE: Stella Polare

Il metodo della Stella Polare è prevalentemente utilizzato per l'orientamento, evidenziando la sua affidabilità e facilità d'uso. Mentre altri metodi come il riconoscimento delle costellazioni e la posizione della Luna offrono approcci supplementari, sono meno frequentemente impiegati, probabilmente perché richiedono conoscenze più avanzate o offrono minore precisione.

Riconoscere le costellazioni

Le costellazioni offrono un metodo affidabile per orientarsi nel cielo notturno. Sono composte da un gruppo di stelle che formano schemi apparentemente fissi e si muovono insieme nel cielo a causa della rotazione terrestre [s6]. Questo movimento avviene da est a ovest, simile al percorso del sole, ma il percorso esatto varia a seconda della latitudine geografica dell'osservatore e della stagione [s6]. Per identificare una costellazione, è utile localizzare inizialmente costellazioni conosciute come il Grande Carro. Partendo dal Grande Carro, si può navigare verso altre costellazioni attraverso linee immaginarie. Le due stelle posteriori della "forma a scatola" del Grande Carro puntano verso la Stella Polare, che si trova all'estremità settentrionale dell'asse terrestre. La Stella Polare è parte del Piccolo Carro e segna la direzione nord. Conoscere la posizione della Stella Polare facilita la determinazione delle altre direzioni cardinali. Un consiglio pratico per orientarsi usando le costellazioni è l'uso di una mappa stellare rotante. Queste mappe mostrano il cielo stellato visibile per un determinato momento e una specifica latitudine geografica. Ruotando la mappa, si può impostare l'attuale porzione di cielo, il che semplifica notevolmente l'identificazione delle costellazioni. Oltre alle mappe stellari stampate, ci sono anche numerose app per smartphone e tablet che mostrano il cielo stellato in tempo reale e aiutano nell'identificazione degli oggetti celesti. In questo modo, le costellazioni possono essere trovate rapidamente e facilmente nel cielo notturno anche senza conoscenze pregresse. La capacità di riconoscere le costellazioni e comprendere i loro schemi di movimento non solo migliora l'orientamento nel cielo notturno, ma consente anche una comprensione più profonda della meccanica celeste e della relazione tra la Terra e il cosmo.

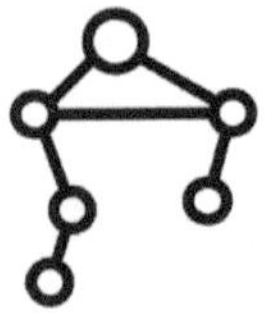

Utile sapere

Cosmo

Il cosmo si riferisce all'intero universo, inclusa tutta la materia, energia, spazio e tempo. È oggetto di studio dell'astronomia e della cosmologia.

Grande Carro

Il Grande Carro è una costellazione prominente nel cielo settentrionale ed è parte della più grande costellazione dell'Orsa Maggiore. È circumpolare, cioè visibile tutto l'anno ed è un buon punto di partenza per trovare altre costellazioni, come la Stella Polare.

Mappa stellare rotante

Una mappa stellare rotante è uno strumento che rappresenta il cielo stellato visibile per un determinato luogo e momento. Ruotando la mappa, si può impostare l'attuale porzione di cielo e identificare le costellazioni.

Meccanica celeste

La meccanica celeste si occupa dei movimenti degli oggetti celesti nello spazio sotto l'influenza della gravità. Spiega le orbite di pianeti, lune, stelle e galassie.

Piccolo Carro

Il Piccolo Carro è una costellazione meno appariscente che è anch'essa circumpolare e contiene la Stella Polare. La sua forma assomiglia a quella del Grande Carro, ma è più piccola e le sue stelle sono più deboli.

Magnitudine e Posizione Stellare nell'Orsa Maggiore

Visualizzazione della luminosità e posizione delle stelle principali nell'Orsa Maggiore.

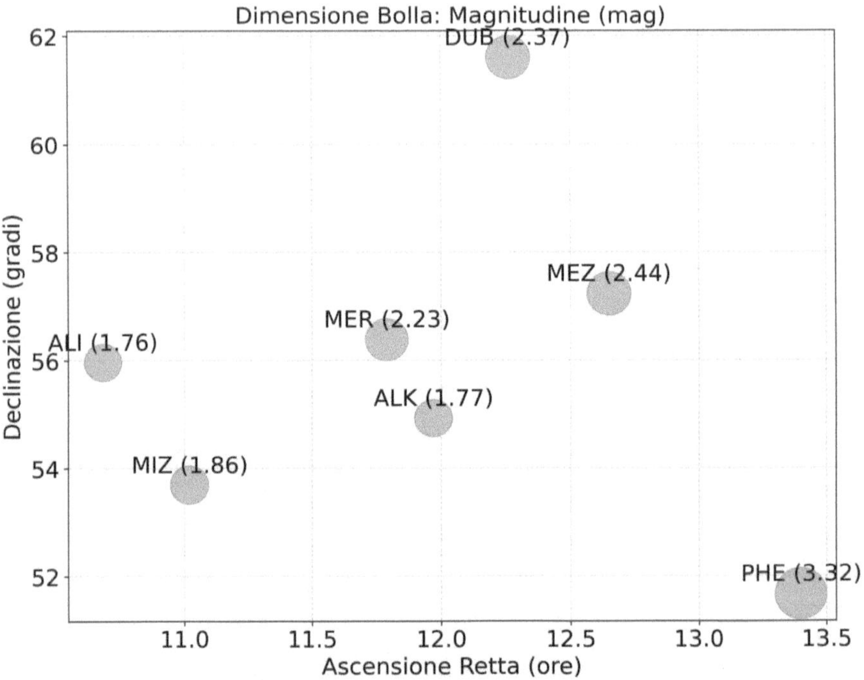

Blasengröße: Magnitudine (mag)

ALI: Alioth

ALK: Alkaid

DUB: Dubhe

MER: Merak

MEZ: Megrez

MIZ: Mizar

PHE: Phekda

Il grafico a bolle rivela una distribuzione variabile della luminosità stellare all'interno dell'Orsa Maggiore. Bolle più grandi indicano una magnitudine più elevata (stelle più luminose), mentre la loro posizione mostra la posizione relativa all'interno della costellazione. Alioth si distingue come particolarmente luminosa. La visualizzazione aiuta a comprendere la prominenza di diverse stelle nella formazione del riconoscibile asterismo del Grande Carro.

Firmamento mappare

Mappare il firmamento aiuta a orientarsi nel cielo notturno e a determinare la posizione dei corpi celesti. Proprio come nella navigazione sulla Terra, si utilizzano anche nel cielo sistemi di coordinate. Un tale sistema è il sistema di coordinate equatoriale, che si basa sulla proiezione dell'equatore terrestre e dei poli terrestri nel cielo. Invece di latitudini e longitudini, si parla qui di ascensione retta e declinazione. L'ascensione retta, analogamente alla longitudine, è espressa in ore, minuti e secondi e misura l'angolo lungo l'equatore celeste verso est dal punto vernal. La declinazione, analogamente alla latitudine, è misurata in gradi e indica l'angolo a nord o a sud dell'equatore celeste [s7]. Con questo sistema è possibile localizzare stelle e altri oggetti con precisione nel cielo, come con una mappa cittadina che indica la posizione degli edifici in base a strade e numeri civici. La conoscenza della propria posizione gioca un ruolo importante nella mappatura del firmamento. La latitudine geografica dell'osservatore influisce su quali corpi celesti siano visibili [s7]. Al Polo Nord, ad esempio, tutte le stelle a nord dell'equatore celeste sono circumpolari, il che significa che non tramontano mai. All'equatore, invece, tutte le stelle sorgono e tramontano nel corso della notte. Le stelle e le costellazioni circumpolari offrono opportunità di navigazione, poiché sono sempre visibili e la loro posizione in relazione all'orizzonte indica la direzione [s7]. Come nella navigazione in mare, dove i punti di riferimento aiutano a mantenere il corso, le stelle circumpolari forniscono un punto di riferimento fisso nel cielo notturno. Determinando l'altezza del Polaris sopra l'orizzonte, si può direttamente calcolare la propria latitudine geografica [s7]. Questo metodo è stato essenziale in passato per i navigatori per determinare la propria posizione in mare aperto. Oltre alle coordinate e alla latitudine geografica, le carte stellari e il software astronomico sono strumenti utili per mappare il firmamento. Le carte stellari mostrano la posizione di stelle e costellazioni per un determinato momento e luogo. I moderni programmi planetari offrono una rappresentazione dinamica del cielo e consentono di simulare il movimento dei corpi celesti e di prevedere eventi specifici come eclissi solari o apparizioni di comete. Possono essere considerati come globi interattivi che rappresentano non solo la Terra, ma l'intero universo visibile.

Circumpolare [i7]

Utile sapere

Carte stellari

Mappe che mostrano la posizione di stelle e costellazioni per un determinato momento e luogo. Aiutano nell'identificazione e localizzazione dei corpi celesti.

Circumpolare

Indica stelle o costellazioni che si trovano vicino al polo celeste e quindi non tramontano mai da un determinato luogo.

Corpi celesti

Oggetti naturali nello spazio, come stelle, pianeti, lune, asteroidi e comete.

Latitudine geografica

La distanza angolare di un luogo dall'equatore, misurata in gradi a nord o a sud. Influisce su quali corpi celesti siano visibili da un determinato luogo.

Punto vernal

Il punto sull'equatore celeste in cui il sole si trova durante l'equinozio di primavera. Serve come punto zero per l'ascensione retta.

Sistema di coordinate equatoriale

Un sistema di coordinate basato sulla proiezione dell'equatore terrestre nel cielo e che determina la posizione dei corpi celesti utilizzando ascensione retta e declinazione.

Software astronomico

Programmi informatici che offrono una rappresentazione dinamica del cielo e consentono di simulare il movimento dei corpi celesti e di prevedere eventi astronomici.

Distribuzione degli oggetti celesti

Distribuzione di oggetti celesti in base all'ascensione retta e alla declinazione.

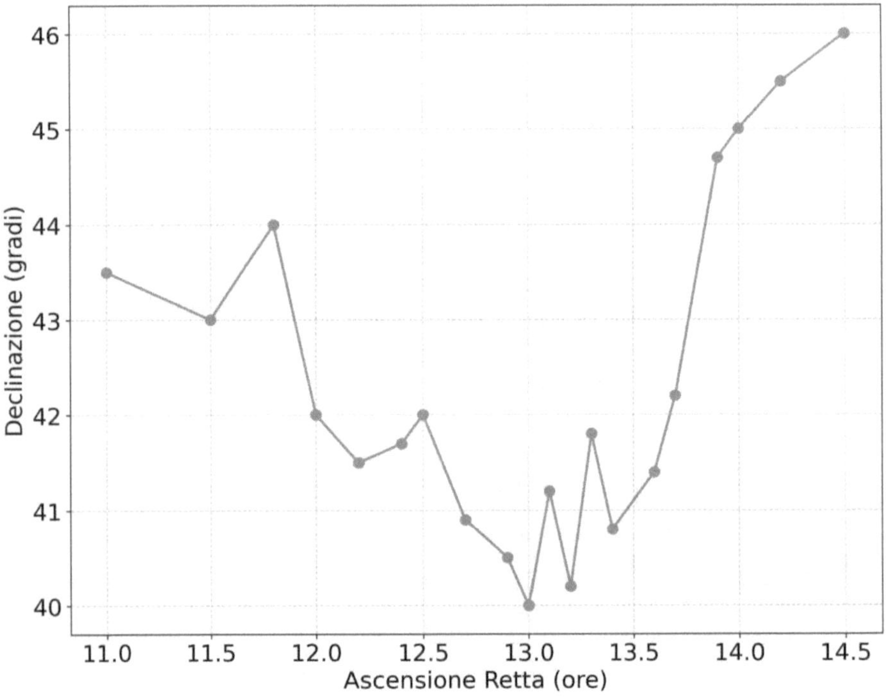

Questo grafico visualizza la distribuzione degli oggetti celesti in una sezione del cielo. La concentrazione di punti suggerisce un possibile ammasso o galassia, mentre le aree più sparse indicano regioni con meno oggetti visibili. I dati rivelano la distribuzione non uniforme dei corpi celesti, evidenziando aree di maggiore interesse astronomico.

Consigli concreti

- Cerca un luogo di osservazione buio lontano dalle luci della città per vivere la magnificenza della Via Lattea.
- Concentra il tuo sguardo su un punto fisso nel cielo per alcuni minuti e osserva come le stelle sembrano ruotare attorno a quel punto.
- Disegna i contorni di una costellazione su un foglio di carta e arricchisci il tuo disegno notte dopo notte con ulteriori dettagli.
- Inventa storie personali sulle costellazioni e condividile con amici e familiari.
- Costruisci un piccolo modello di un sestante e prova a misurare l'altezza delle stelle sopra l'orizzonte.
- Orientati nel territorio utilizzando le direzioni cardinali che hai determinato attraverso l'osservazione delle stelle.
- Confronta le tue osservazioni del cielo notturno con le informazioni in una mappa stellare rotante e impara a utilizzare la mappa in modo efficace.
- Osserva il cielo notturno in diverse stagioni e annota quali costellazioni sono visibili di volta in volta.
- Impara i nomi delle stelle più brillanti nella tua regione e prova a riconoscerle nel cielo.
- Partecipa a un workshop di planetario e amplia le tue conoscenze sull'orientamento nel cielo notturno.
- Crea una tua mappa stellare personale con le tue costellazioni e oggetti preferiti.

1. 3 Strumenti astronomici

Dal semplice atlante stellare alla complessa astrofotografia: questo capitolo tratta i principali strumenti astronomici per gli astrofili. Scoprirete come leggere le carte stellari, utilizzare software planetario digitale e documentare le vostre osservazioni. Verranno messe in luce le rispettive virtù e sfide dei vari metodi. Preparatevi ad ampliare le vostre conoscenze astronomiche ed esplorare l'universo con gli strumenti giusti!

Dalla semplice individuazione della Stella Polare con l'ausilio di una mappa stellare all'uso delle tecnologie più avanzate come la fotonica e il software per l'analisi delle immagini – la comprensione e l'applicazione efficace degli strumenti astronomici sono la chiave per una riuscita esplorazione dell'universo.

Capire le carte stellari

Le carte stellari rappresentano il cielo notturno e aiutano a identificare stelle e costellazioni. Mostrano le posizioni dei corpi celesti in un determinato momento e luogo. Simile a una mappa, utilizzano un sistema di coordinate per determinare con precisione le posizioni degli oggetti. In questo caso, la rettascensione corrisponde alla longitudine geografica e la declinazione alla latitudine geografica. [s8] Ad esempio, puoi trovare la Stella Polare seguendo la punta dell'ultima costola della Grande Carrozza – un'applicazione pratica della carta stellare che ti facilita l'orientamento nel cielo notturno. Le carte stellari esistono in diverse varianti, da semplici carte stellari planisferiche, che mostrano il cielo visibile per un determinato momento, a dettagliati atlanti stellari, che coprono l'intera sfera celeste. Le planisfere sono costituite da un disco rotante di stelle e una maschera orizzontale sovrastante. Ruotando il disco, puoi impostare il cielo visibile per diverse date e orari. Gli atlanti stellari, invece, offrono spesso una maggiore precisione e contengono informazioni sulla luminosità (magnitude) delle stelle, degli ammassi stellari, delle nebulose e delle galassie. La rappresentazione del cielo su una mappa piatta presenta una sfida cartografica, simile alla rappresentazione della sfera terrestre su una mappa del mondo. Vengono utilizzati diversi metodi di proiezione per trasferire la sfera celeste curva su una superficie bidimensionale. Questo può portare a distorsioni, specialmente vicino ai poli celesti. Le carte stellari utilizzano spesso una proiezione azimutale per rappresentare la volta celeste sopra l'osservatore o una proiezione equatoriale per rappresentare l'intero cielo. La scelta della proiezione influisce sul modo in cui le costellazioni vengono rappresentate e su come vengono misurati gli angoli e le distanze tra le stelle. I simboli sulle carte stellari forniscono informazioni importanti sui corpi celesti. La dimensione dei simboli rappresenta generalmente la luminosità delle stelle. Le lettere greche vengono spesso utilizzate per contrassegnare le stelle più luminose all'interno di una costellazione, con Alpha per la più luminosa, Beta per la seconda più luminosa e così via. Le linee doppie rappresentano la Via Lattea, mentre diversi simboli vengono utilizzati per ammassi stellari, nebulose e galassie. In questo modo, puoi identificare e distinguere vari oggetti celesti in base ai simboli sulla carta stellare. I colori possono anche essere utilizzati per indicare la classe spettrale delle stelle, che fornisce indicazioni sulla loro temperatura e composizione. L'uso di una carta stellare richiede pratica e pazienza. Inizia identificando costellazioni familiari come la Grande Carrozza o Orione. Orienta la carta stellare in modo che corrisponda alla tua direzione di sguardo. Ruota la mappa finché le direzioni sulla carta non corrispondono alle direzioni reali nel cielo. Confronta quindi i modelli stellari sulla carta con il cielo visibile. Con l'aumentare dell'esperienza, riconoscerai sempre più costellazioni e altri oggetti celesti e potrai utilizzare efficacemente la carta stellare per navigare nel cielo notturno. Gli animali, come i scarabei stercorari, si orientano nella Via Lattea senza utilizzare costellazioni specifiche. [s8] Dimostrano così che l'orientamento nel cielo è possibile anche senza mappe dettagliate. Questa naturale capacità di navigazione è un affascinante esempio dell'adattabilità degli esseri viventi al loro ambiente.

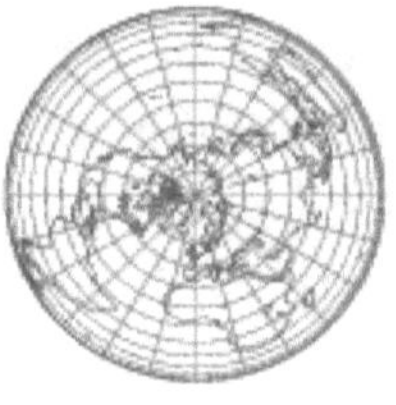

Proiezione azimutale [i8]

Utile sapere

Carta stellare planisferica

Una carta stellare planisferica è una carta rotante che mostra il cielo visibile per un determinato momento e luogo. È composta da un disco rotante di stelle e una maschera orizzontale sovrastante.

Classe spettrale

La classe spettrale di una stella fornisce informazioni sulla sua temperatura e composizione. È classificata tramite lettere (O, B, A, F, G, K, M), con le stelle O le più calde e le stelle M le più fredde.

Proiezione azimutale

La proiezione azimutale è un metodo per rappresentare la sfera celeste su una mappa piatta. È particolarmente adatta per rappresentare la volta celeste sopra l'osservatore.

Proiezione equatoriale

La proiezione equatoriale è un metodo per rappresentare la sfera celeste su una mappa piatta. È particolarmente adatta per rappresentare l'intero cielo.

Rettascensione

La rettascensione è una delle due coordinate utilizzate per determinare la posizione di un oggetto nel cielo. Corrisponde alla longitudine sulla Terra ed è misurata in ore, minuti e secondi. Indica la distanza angolare di un oggetto dal punto vernal lungo l'equatore celeste.

Confronto tra Carte Stellari

Confronto tra diversi tipi di carte stellari

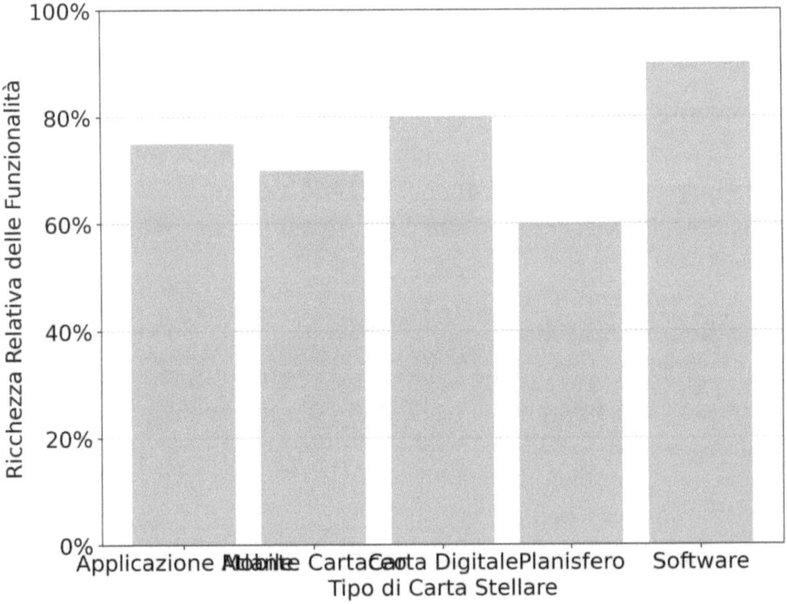

ACA: Atlante Cartaceo

ACM: Applicazione Mobile

CDI: Carta Digitale

PLA: Planisfero

SOF: Software

I planisferi offrono un buon equilibrio tra dettaglio e portabilità, il che li rende ideali per gli astrofili principianti. Mentre le carte digitali offrono funzionalità di ricerca e informazioni senza pari, gli atlanti cartacei offrono un campo visivo più ampio e l'esperienza tangibile che molti astronomi preferiscono. Il software dedicato offre la maggiore quantità di informazioni, ma richiede un investimento di tempo più significativo. Le app mobili offrono un elevato livello di praticità, ma potrebbero essere meno complete rispetto ai software desktop.

Strumenti di navigazione digitali

Le mappe celesti digitali, chiamate anche software planetario, offrono una rappresentazione interattiva e dinamica del cielo notturno su computer o dispositivi mobili. A differenza delle varianti stampate, consentono la simulazione del cielo in qualsiasi momento e da qualsiasi luogo della Terra. Offrono una varietà di funzioni, come la ricerca di oggetti celesti specifici, la visualizzazione delle orbite planetarie o la simulazione di eventi astronomici come le eclissi. Inserendo coordinate o utilizzando la funzione GPS del dispositivo, il software centra automaticamente la porzione di cielo visualizzata sulla posizione attuale dell'osservatore. Ad esempio, puoi controllare direttamente sullo schermo quali costellazioni si trovano sopra di te. Alcuni programmi offrono anche la possibilità di posizionare telescopi in modo computerizzato, semplificando notevolmente l'osservazione di oggetti deboli.

Oltre al software planetario, esistono una serie di altri strumenti di navigazione digitali per l'astronomia. Questi includono app per smartphone e tablet che offrono mappe stellari, calendari delle fasi lunari e informazioni su eventi celesti attuali. Anche database e portali online forniscono ampie informazioni su stelle, galassie e altri oggetti celesti. Queste risorse digitali consentono un accesso rapido e semplice alla conoscenza astronomica e ampliano le possibilità di osservazione del cielo. Tuttavia, il numero crescente di satelliti in orbite terrestri basse (LEO) può influenzare la pratica astronomica e la visibilità del cielo notturno, il che è particolarmente problematico per i popoli indigeni, per i quali l'osservazione del cielo ha un significato culturale e spirituale [s9]. L'Unione Astronomica Internazionale (IAU) ha già espresso preoccupazioni riguardo agli effetti delle costellazioni di satelliti sull'astronomia e ha sottolineato l'importanza di preservare cieli scuri [s9]. Pertanto, è consigliabile considerare anche le potenziali interferenze dei satelliti nella pianificazione delle osservazioni. Le tecnologie fotoniche, come i laser e fotodetettori, stanno assumendo un ruolo sempre più importante nell'esplorazione spaziale e nell'astronomia

[s10]. I fotodetettori convertono i segnali luminosi in segnali elettrici e sono quindi essenziali per le osservazioni astronomiche e la comunicazione nello spazio [s10]. Lo sviluppo di circuiti integrati fotonici consente la miniaturizzazione degli strumenti e migliora al contempo le loro prestazioni [s10]. Questi progressi nella fotonica contribuiscono ad ampliare i confini della ricerca astronomica e consentono approfondimenti più dettagliati sull'universo. Combinando strumenti di navigazione digitali con strumenti fotonici avanzati, si aprono nuove possibilità per l'esplorazione del cosmo.

LEO [i9]

Fotodiodo [i10]

Utile sapere

Circuiti integrati fotonici

I circuiti integrati fotonici combinano più componenti fotonici su un singolo chip. Questo consente la miniaturizzazione degli strumenti e migliora al contempo le loro prestazioni e precisione in astronomia.

Coordinate

Le coordinate sono indicazioni numeriche che stabiliscono la posizione di un oggetto nel cielo. Vengono utilizzate per localizzare e seguire con precisione gli oggetti celesti.

Fotodetettori

I fotodetettori sono sensori che convertono la luce in segnali elettrici. Sono essenziali per gli strumenti astronomici, poiché consentono di misurare la luminosità e lo spettro degli oggetti celesti.

Fotonica

La fotonica è la scienza e la tecnologia della luce. Nell'astronomia, le tecnologie fotoniche come laser e fotodetettori vengono utilizzate per osservare e analizzare la luce dallo spazio.

Software planetario

Il software planetario simula il cielo notturno e aiuta a identificare oggetti celesti, costellazioni e pianeti. Può anche prevedere e simulare eventi astronomici come eclissi o apparizioni di comete.

Utilizzo degli Strumenti di Navigazione Digitale

Distribuzione dell'utilizzo degli strumenti di navigazione digitale tra gli appassionati di spazio.

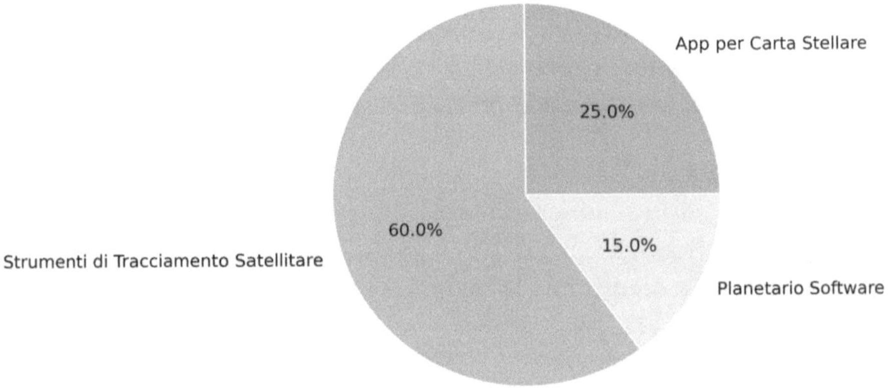

- ACS: App per Carta Stellare
- PLA: Planetario Software
- STS: Strumenti di Tracciamento Satellitare

Le app per le carte stellari dominano il panorama della navigazione digitale per gli astronomi dilettanti, riflettendo il loro ruolo cruciale nella localizzazione degli oggetti celesti. Mentre i software di planetario offrono un'esperienza più immersiva e gli strumenti di tracciamento satellitare soddisfano un interesse di nicchia, il loro utilizzo è significativamente inferiore, suggerendo una preferenza per metodi di navigazione più semplici e diretti.

Attrezzatura per la Documentazione

L'attrezzatura per la documentazione delle osservazioni astronomiche comprende oggi molto più che la semplice registrazione delle posizioni delle stelle su carta. Oltre alla registrazione manuale con penna e taccuino, che può ancora essere utile per schizzare le osservazioni, si offrono diverse possibilità tecniche. La fotografia gioca un ruolo cruciale, con fotocamere reflex digitali (DSLR) e fotocamere astrofotografiche speciali utilizzate per la Astrofotografia. Le DSLR consentono di catturare oggetti deboli attraverso esposizioni prolungate, mentre le astrokameras riducono il rumore dell'immagine grazie a sensori raffreddati, migliorando così la qualità dell'immagine. Per la fotografia planetaria, sono adatte fotocamere ad alta risoluzione con funzione video, poiché qui molte immagini singole vengono combinate in un'unica immagine. La scelta del telescopio giusto influisce notevolmente sui risultati: i rifrattori forniscono immagini ad alto contrasto, i riflettori raccolgono più luce per oggetti deboli e i sistemi catadiottrici uniscono i vantaggi di entrambi i tipi. Proprio come il meccanismo di Antikythera, che oltre 2000 anni fa consentiva calcoli astronomici complessi ed era dotato di un manuale dettagliato [s11], anche gli strumenti moderni richiedono una comprensione del loro funzionamento e della tecnologia sottostante per sfruttare appieno il loro potenziale. Oltre all'hardware, il software per l'elaborazione e l'analisi delle immagini è essenziale. Programmi come RegiStax o AutoStakkert! consentono di impilare immagini singole per migliorare il rapporto segnale-rumore e generare riprese più dettagliate. Proprio come gli astronomi antichi effettuavano calcoli precisi con il meccanismo di Antikythera [s11], le moderne soluzioni software consentono l'analisi dei dati delle immagini, ad esempio per determinare la luminosità delle stelle o studiare la composizione delle nebulose. Combinando hardware potente e software specializzato, gli astronomi amatoriali possono oggi ottenere risultati impressionanti e raccogliere autonomamente dati scientificamente preziosi. La documentazione delle osservazioni astronomiche non serve solo come ricordo personale, ma contribuisce anche all'espansione della conoscenza astronomica, rendendo osservazioni e scoperte accessibili ad altri. Un protocollo di osservazione accuratamente tenuto, sia digitale che analogico, include oltre ai dati delle immagini anche informazioni su data, ora, luogo di osservazione, attrezzatura utilizzata e le condizioni prevalenti come seeing e trasparenza. Questi dati sono importanti per interpretare correttamente le osservazioni in seguito e confrontarle con altre. Come mostrano le istruzioni dettagliate del meccanismo di Antikythera [s11], la documentazione precisa era già un elemento fondamentale del lavoro astronomico nell'antichità.

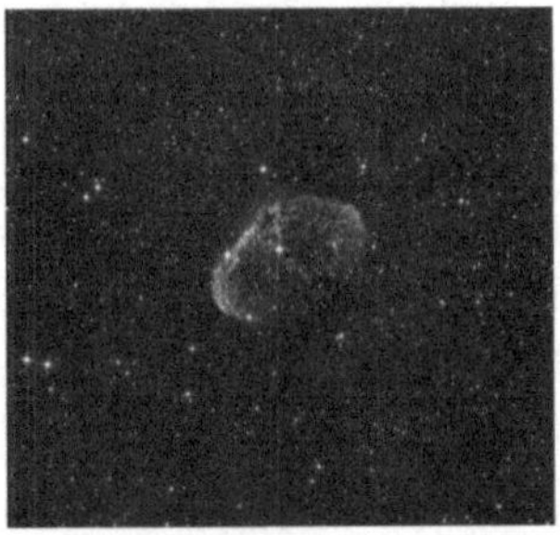

camera astronomica [i11]

Sistema catadiottrico [i12]

Rifrattore [i13]

Utile sapere

Astrofotografia

L'astrofotografia è un tipo speciale di fotografia che si concentra sulla cattura di oggetti celesti come stelle, pianeti, nebulose e galassie. Richiede attrezzature e tecniche speciali per catturare i deboli segnali luminosi dallo spazio.

Sistemi catadiottrici

I sistemi catadiottrici sono telescopi che utilizzano una combinazione di lenti e specchi per raccogliere la luce e generare un'immagine. Uniscono i vantaggi dei rifrattori e dei riflettori e offrono una costruzione compatta.

Trasparenza

La trasparenza si riferisce alla chiarezza dell'atmosfera e a quanto luce riesce a penetrare dagli oggetti celesti. Alta trasparenza consente l'osservazione di oggetti più deboli.

Portata delle apparecchiature astronomiche

Portata di diversi strumenti astronomici.

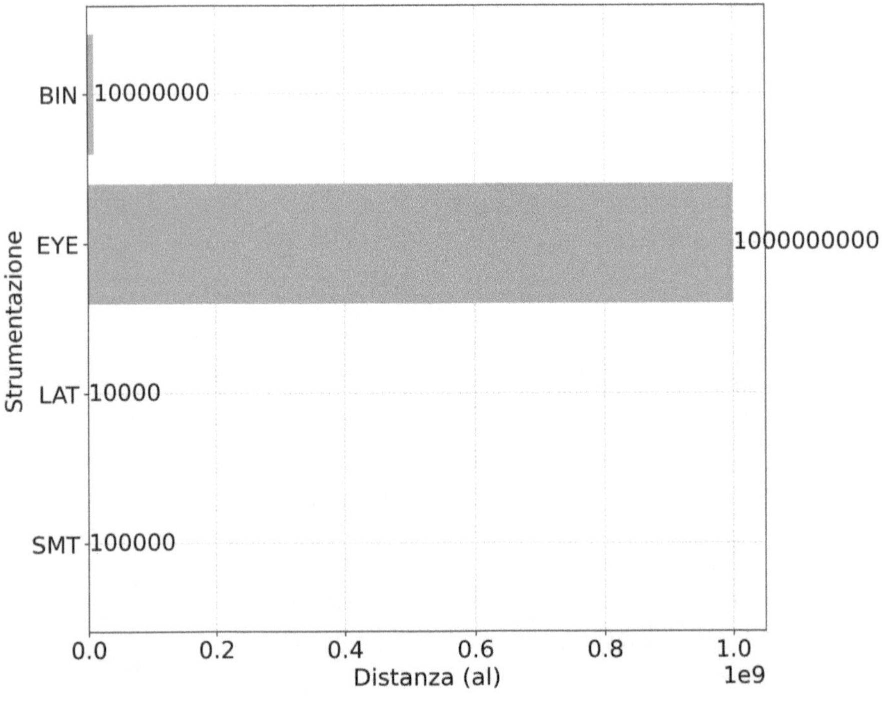

BIN: Binocolo

EYE: Occhio nudo

LAT: Telescopio grande

SMT: Telescopio piccolo

Il grafico evidenzia l'enorme differenza nella portata osservabile tra occhio nudo, binocolo e telescopi. Mentre il binocolo offre un modesto miglioramento rispetto alla visione non assistita, i telescopi, in particolare quelli a grande apertura, espandono notevolmente il nostro accesso al cosmo, consentendo l'osservazione di oggetti celesti significativamente più distanti.

Consigli concreti

- Confronta la rappresentazione di una costellazione sulla tua mappa stellare con quella di un software astronomico e analizza le differenze nella proiezione.
- Costruisci un semplice modello di astrolabio e esercitati a determinare l'altezza delle stelle.
- Sviluppa un tuo metodo per stimare e documentare la luminosità apparente delle stelle utilizzando oggetti di uso quotidiano.
- Organizza una caccia al tesoro notturna in cui i partecipanti devono trovare oggetti nascosti utilizzando mappe stellari e coordinate.
- Crea un timelapse della rotazione del cielo notturno con una camera fissa e la tua mappa stellare come riferimento.
- Segui il percorso di una stella brillante nel cielo e documenta la sua posizione rispetto a punti di riferimento terrestri.
- Utilizza un telescopio per confrontare la proiezione della mappa stellare con l'aspetto reale della sezione di cielo e analizzare le distorsioni.
- Progetta una tua mappa stellare per un determinato momento e luogo, che mostri solo le stelle più luminose e le costellazioni principali.
- Confronta la rappresentazione della Via Lattea su diverse mappe stellari e discuti le differenze nella precisione dei dettagli.
- Sperimenta con torce a luce rossa per mantenere l'adattamento al buio dei tuoi occhi durante l'osservazione del cielo e per leggere meglio la mappa stellare.
- Determina la latitudine del tuo luogo utilizzando un quadrante costruito da te e la tua mappa stellare.
- Presenta le tue osservazioni e scoperte utilizzando una presentazione digitale creata da te, che combina mappe stellari, foto e schizzi.

Revisione - 1. Fondamenti di Astronomia

L'astronomia ci offre affascinanti spunti sulle vastità dell'universo. Dall'osservazione della luna con un semplice binocolo all'esplorazione di galassie lontane con potenti telescopi, ci sono innumerevoli modi per esplorare il cielo notturno. Tuttavia, il percorso verso un appassionato di astronomia di successo inizia con la comprensione delle basi e la scelta corretta dell'attrezzatura. Se desiderate iniziare con un binocolo, fate attenzione alla giusta combinazione di ingrandimento e diametro dell'obiettivo. Un binocolo troppo pesante rende difficile la maneggevolezza senza treppiede, portando a un'immagine sfocata. Utilizzate strumenti digitali come app per le carte stellari per orientarvi nel cielo e trovare più facilmente gli oggetti. Ricordate di abituare i vostri occhi all'oscurità e di cercare un luogo con bassa inquinamento luminoso per creare le migliori condizioni di osservazione. Anche con un binocolo, potete scoprire dettagli impressionanti sulla luna, sui pianeti e sugli ammassi stellari.

La scelta del telescopio giusto dipende dai vostri obiettivi di osservazione e dal vostro budget. I rifrattori sono adatti per l'osservazione dei pianeti, mentre i riflettori con apertura maggiore consentono di osservare oggetti deboli del cielo profondo. I telescopi catadiottrici offrono un'alternativa compatta con alta lunghezza focale. Considerate anche il tipo di montatura nella vostra scelta. Una montatura stabile è essenziale per un'immagine priva di vibrazioni, specialmente ad alti ingrandimenti. La montatura altazimutale è facile da usare, mentre la montatura equatoriale consente il tracciamento automatico degli oggetti celesti. Le condizioni atmosferiche, come il seeing, influenzano la qualità dell'immagine. Pertanto, informatevi sulle previsioni del tempo e scegliete un luogo con aria calma.

L'orientamento nel cielo notturno è essenziale per un'osservazione di successo. Imparate a determinare i punti cardinali utilizzando il sole o la stella polare. Le costellazioni offrono un affidabile aiuto alla navigazione. Iniziate con costellazioni conosciute come l'Orsa Maggiore e utilizzate carte stellari o app per identificare altre costellazioni. Il sistema di coordinate equatoriali con ascensione retta e declinazione consente la localizzazione precisa degli oggetti celesti. Utilizzate programmi planetari digitali per simulare il cielo e pianificare le vostre osservazioni. Tuttavia, tenete presente il crescente problema dell'inquinamento luminoso e le possibili interferenze dei satelliti, che possono compromettere la visibilità degli oggetti celesti.

La documentazione delle vostre osservazioni è una parte importante dell'astronomia. Oltre all'osservazione visiva, oggi ci sono molteplici possibilità di documentazione, dalla astrofotografia con fotocamere DSLR o telecamere speciali fino all'uso di software per l'editing e l'analisi delle immagini. Un accurato diario di osservazione, sia digitale che analogico, vi aiuterà ad analizzare, interpretare e condividere le vostre osservazioni con altri. L'astronomia è un hobby affascinante che vi offre l'opportunità di esplorare i segreti dell'universo. Con la giusta preparazione, l'attrezzatura adeguata e un po' di pazienza, anche voi potrete ottenere impressionanti spunti sul cosmo e godere della bellezza del cielo notturno.

2. Il nostro Sistema Solare

Vi siete mai chiesti, guardando il cielo notturno, cosa si nasconde dietro i punti luminosi? La nostra casa cosmica si estende ben oltre i confini della Terra: un sistema di pianeti, lune e innumerevoli corpi celesti più piccoli che orbitano attorno alla nostra stella centrale. Dalla calda roccia dei pianeti rocciosi ai ghiacciati giganti gassosi, si presenta una straordinaria varietà di mondi. L'astronomia moderna rivela continuamente nuovi dettagli su questi affascinanti vicini. Preparatevi a un viaggio di scoperta attraverso il vicinato del nostro Sole: più vicino di quanto pensiate eppure pieno di misteri.

2. 1 Osservare i pianeti

Questo capitolo tratta dell'osservazione dei pianeti del nostro sistema solare, dai pianeti rocciosi Mercurio, Venere e Marte ai giganti gassosi Giove, Saturno, Urano e Nettuno. Le diverse caratteristiche dei pianeti, le loro atmosfere e le loro posizioni nel sistema solare pongono sfide specifiche agli astrofili. Pertanto, un'osservazione planetaria di successo richiede la considerazione di vari fattori, dalla scelta del momento e del luogo giusti all'uso di attrezzature adeguate. Preparatevi per un emozionante viaggio attraverso il nostro sistema solare.

I pianeti del nostro sistema solare offrono una varietà di opportunità di osservazione, che dipendono dalla loro posizione rispetto al sole e dalle loro caratteristiche individuali.

Mercurio fino a Marte

I pianeti interni del nostro sistema solare, Mercurio, Venere, Terra e Marte, sono pianeti terrestri, composti principalmente da roccia e metallo. [s12] Le loro superfici mostrano una varietà di formazioni geologiche, da crateri e vulcani a canyon e pianure. Sebbene si siano formati nella stessa regione del sistema solare, presentano comunque notevoli differenze nella loro atmosfera e temperatura superficiale. Mercurio, il pianeta più vicino al sole, ha quasi assente un'atmosfera. [s12] La radiazione solare colpisce quasi senza ostacoli la sua superficie, causando estremi sbalzi di temperatura tra giorno e notte. Durante il giorno, le temperature possono superare i 400°C, mentre di notte scendono a -170°C. Queste condizioni estreme rendono Mercurio un ambiente inospitale. Un astronomo dilettante dovrebbe prestare particolare attenzione al momento giusto per osservare Mercurio. Poiché il pianeta è così vicino al sole, è meglio osservarlo poco prima dell'alba o poco dopo il tramonto, quando si distingue leggermente dalla luce solare. Venere, al contrario, è circondata da un'atmosfera densa di anidride carbonica, che provoca un forte effetto serra. [s12] Le temperature superficiali su Venere si aggirano intorno ai 460°C – abbastanza calde da fondere il piombo. Questa densa atmosfera riflette molta luce solare, rendendo Venere uno degli oggetti più luminosi nel cielo notturno, ma rende anche difficile osservare la sua superficie. La Terra, il nostro pianeta natale, si trova nella zona abitabile del sole, l'area in cui l'acqua può esistere in forma liquida. La nostra atmosfera, composta principalmente da azoto e ossigeno, ci protegge dalle radiazioni nocive del sole e regola la temperatura. La Terra è l'unico pianeta conosciuto nel nostro sistema solare che ospita vita. Marte, il quarto pianeta dal sole, ha un'atmosfera sottile composta principalmente da anidride carbonica. [s12] Le temperature superficiali su Marte sono significativamente più basse rispetto a quelle della Terra e variano tra -140°C e 20°C. Sebbene Marte sia oggi un deserto freddo e secco, ci sono prove che in passato ci fosse acqua liquida sulla sua superficie. La ricerca di tracce di vita su Marte è un'importante area di studio nella ricerca spaziale attuale. Il colore rossastro di Marte, causato dall'ossido di ferro nel suolo, lo rende facilmente riconoscibile nel cielo notturno. Circa ogni due anni si verifica una opposizione particolarmente favorevole, durante la quale Marte si avvicina molto alla Terra e appare quindi più luminoso e grande. Questi periodi offrono condizioni ottimali per l'osservazione con un telescopio.

Utile sapere

Atmosfera

Un involucro gassoso che circonda un pianeta e viene mantenuto dalla gravità. La composizione e la densità dell'atmosfera possono influenzare la temperatura superficiale e l'abitabilità di un pianeta.

Formazioni Geologiche

Strutture sulla superficie di un pianeta create da processi geologici come vulcanismo, tettonica o erosione. Esempi includono crateri, montagne, valli e pianure.

Opposizione

La configurazione in cui un pianeta è opposto al sole visto dalla Terra. In questa posizione, il pianeta raggiunge la sua massima luminosità ed è visibile per tutta la notte, rendendolo un momento ideale per l'osservazione.

Pianeti Terrestri

Pianeti composti principalmente da roccia e metalli, a differenza dei giganti gassosi. Di solito hanno una superficie solida e una densità maggiore.

Zona Abitabile

L'area attorno a una stella in cui le condizioni di temperatura consentono l'esistenza di acqua liquida sulla superficie di un pianeta. La zona abitabile è anche chiamata 'zona di Goldilocks', poiché le condizioni non devono essere né troppo calde né troppo fredde, ma proprio giuste per la vita come la conosciamo.

Visibilità dei pianeti interni

Visibilità di Mercurio, Venere e Marte in base alla magnitudine apparente, alle dimensioni e alla distanza dalla Terra.

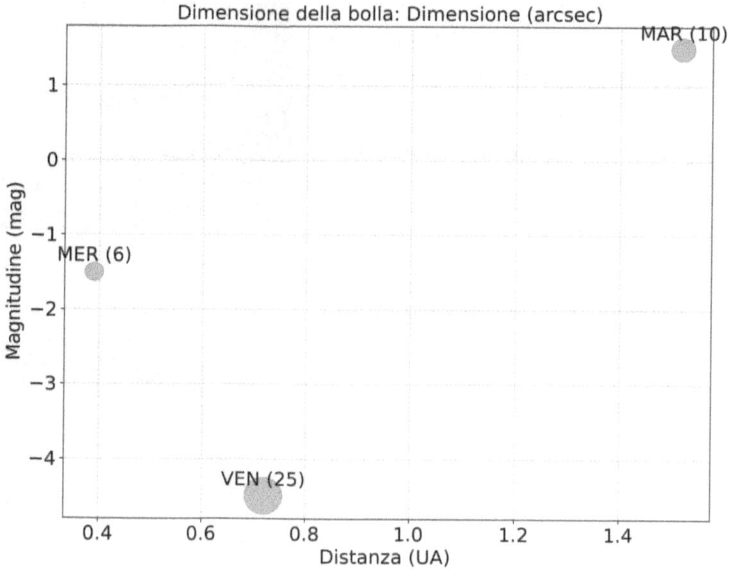

Blasengröße: Dimensione (arcsec)

- MAR: Marte
- MER: Mercurio
- VEN: Venere

Venere è generalmente il più luminoso e appare più grande a causa della sua vicinanza alla Terra. Marte, sebbene più lontano, a volte può apparire più luminoso di Mercurio a causa delle sue maggiori dimensioni e della riflettività della superficie. Mercurio, essendo il più piccolo e il più vicino al sole, è spesso difficile da osservare a causa della sua vicinanza al bagliore del sole e delle sue dimensioni apparenti più piccole.

Da Giove a Saturno

Oltre alla fascia degli asteroidi, si estende l'area dei giganti gassosi, a partire da Giove e Saturno. Questi pianeti si differenziano fondamentalmente dai pianeti interni e solidi. Sono composti principalmente da idrogeno e elio e non possiedono una superficie solida nel senso tradizionale. [s13] La loro enorme dimensione e composizione li rendono oggetti di osservazione affascinanti, anche con telescopi semplici.

Giganti gassosi [i14]

Giove [i15]

Saturno [i16]

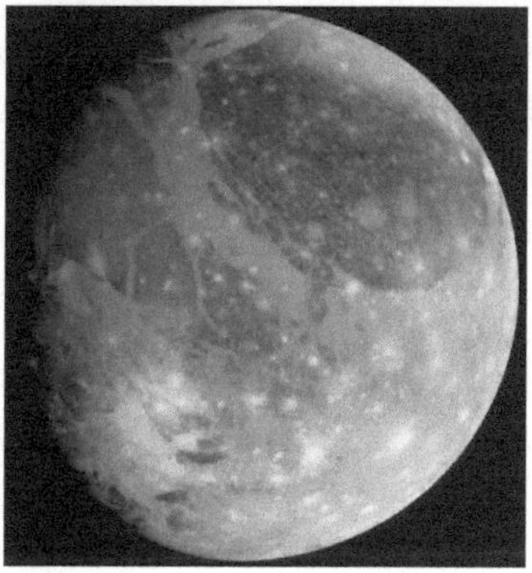

Ganimede [i17]

Giove, il pianeta più grande del nostro sistema solare, si distingue per le sue colorate bande nuvolose e il Grande Macchia Rossa, una tempesta gigantesca che è stata osservata per secoli. Anche un piccolo telescopio rivela alcuni dei più grandi satelliti di Giove: Io, Europa, Ganimede e Callisto. Il loro movimento attorno al pianeta può essere tracciato in poche ore. Già nel XVII secolo, Christiaan Huygens riconobbe l'esistenza di una grande luna – oggi sappiamo che si riferiva a Ganimede – e ottenne le prime informazioni sugli anelli di un altro pianeta, che si sarebbe rivelato essere Saturno. [s14] Queste prime osservazioni hanno gettato le basi per la nostra attuale comprensione di questi sistemi complessi.

Grande Macchia Rossa [i18]

Callisto [i19]

Saturno, il sesto pianeta dal Sole, è famoso per il suo spettacolare sistema di anelli, composto da innumerevoli particelle di ghiaccio e roccia. Gli anelli, già visibili con un piccolo telescopio, appaiono come una banda piatta e luminosa che circonda il pianeta. Huygens sospettava all'epoca che potesse trattarsi di un anello solido, ma osservazioni successive hanno rivelato la vera natura di questa affascinante struttura. [s14] Anche Saturno possiede una varietà di lune, tra cui Titano, l'unica luna del sistema solare con un'atmosfera densa. Un telescopio con un'apertura leggermente maggiore consente di scoprire alcune di queste lune e di intuire le diverse strutture all'interno degli anelli di Saturno. I giganti gassosi Giove e Saturno offrono quindi anche agli astronomi amatoriali con strumenti semplici un'esperienza di osservazione gratificante.

Titano [i21]

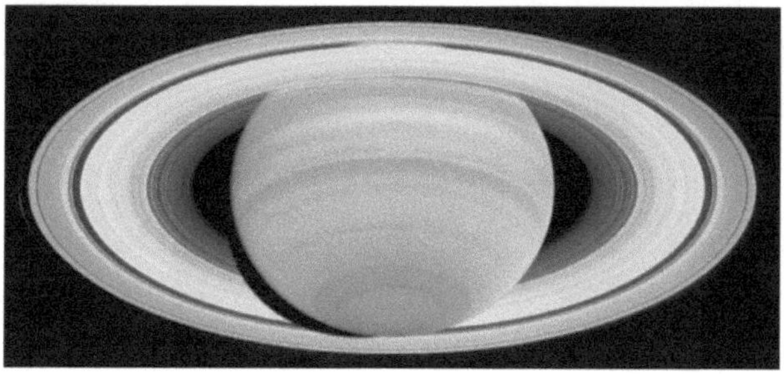

sistema di anelli [i20]

Utile sapere

Callisto

Callisto è la luna galileiana più lontana da Giove e ha una superficie fortemente craterizzata.

Fascia degli asteroidi

La fascia degli asteroidi è una regione tra Marte e Giove, in cui si trova un gran numero di asteroidi – frammenti rocciosi che orbitano attorno al Sole.

Giganti gassosi

I giganti gassosi sono grandi pianeti composti principalmente da gas come idrogeno ed elio e non hanno una superficie solida. Giove e Saturno sono esempi di giganti gassosi.

Grande Macchia Rossa

La Grande Macchia Rossa è una tempesta enorme e duratura nell'atmosfera di Giove, più grande della Terra.

Sistema di anelli

Un sistema di anelli è un insieme di particelle di ghiaccio e roccia che orbitano attorno a un pianeta. Saturno è noto per il suo appariscente sistema di anelli.

Titano

Titano è la luna più grande di Saturno e ha un'atmosfera densa, composta principalmente da azoto.

Visibilità Planetaria

Visibilità relativa di Giove e Saturno durante l'anno.

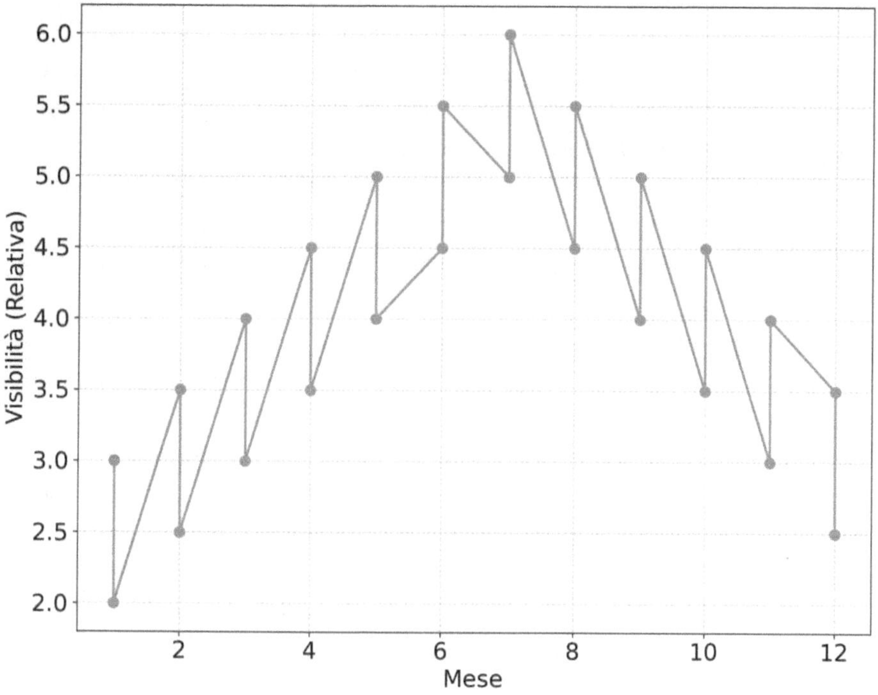

Questo grafico mostra la visibilità relativa di Giove e Saturno, indicando i periodi di osservazione ottimali. Valori più alti suggeriscono una migliore visibilità dovuta a fattori come la posizione del pianeta e l'orbita terrestre. I periodi di sovrapposizione suggeriscono momenti in cui entrambi i pianeti potrebbero essere osservati nella stessa sessione.

Urano e Nettuno

Urano e Nettuno, i giganti gassosi esterni del nostro sistema solare, rimangono ancora in gran parte misteriosi nonostante i progressi nella ricerca astronomica [s15]. A differenza di Giove e Saturno, che sono stati visitati da diverse sonde spaziali, le esplorazioni dettagliate di questi giganti di ghiaccio sono ancora in attesa. La loro composizione di idrogeno ed elio, arricchita da sostanze volatili come acqua, ammoniaca e metano, conferisce loro il caratteristico colore bluastro. Una differenza notevole tra i due pianeti è l'asse di rotazione di Urano, che è quasi parallelo al suo piano orbitale, facendolo rotolare di fatto su un lato [s15]. Nettuno, al contrario, presenta un'inclinazione assiale piuttosto tipica. Queste diverse orientazioni potrebbero indicare enormi impatti avvenuti nei primi tempi della loro formazione, che hanno influenzato in modo significativo lo sviluppo dei pianeti [s15]. Anche le loro atmosfere offrono affascinanti campi di ricerca. Mentre Giove è noto per la sua Grande Macchia Rossa, Urano e Nettuno mostrano anch'essi fenomeni meteorologici dinamici, le cui cause e conseguenze non sono ancora completamente comprese [s15]. Un esempio sono le macchie scure su Nettuno, che appaiono e scompaiono nel tempo. Le complesse magnetosfere dei giganti di ghiaccio, generate dai loro insoliti campi magnetici e dall'interazione con il vento solare, rappresentano un ulteriore affascinante campo di ricerca [s15]. Anche lo studio delle loro lune e dei sistemi anulari promette nuove scoperte. Urano ha un sistema di satelliti naturali, mentre Nettuno ospita la luna catturata Tritone, che con la sua orbita retrograda e i suoi criovulcani pone enigmi agli scienziati [s15]. La comunità scientifica internazionale prevede quindi, nei prossimi decenni, missioni dedicate a Urano e Nettuno per esplorare più dettagliatamente questi mondi affascinanti e ampliare la nostra comprensione del sistema solare esterno [s15]. Con telescopi più potenti e tecniche di osservazione sofisticate, anche gli astronomi amatoriali possono

intravedere questi pianeti lontani, che appaiono come punti bluastro pallidi nel cielo notturno. Il momento migliore per l'osservazione è l'opposizione, quando il pianeta è più vicino alla Terra e la sua luminosità è massima.

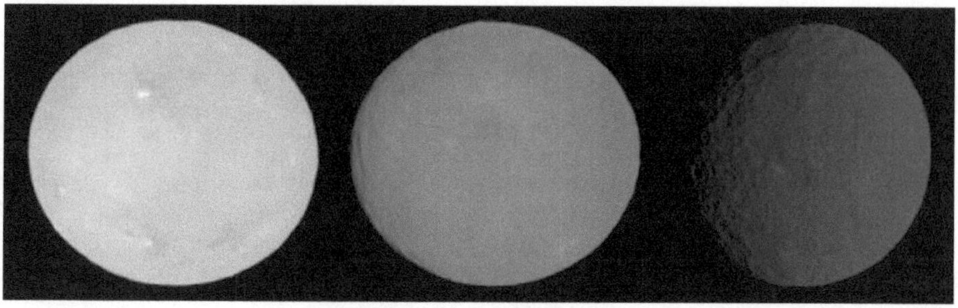

Opposizione [i22]

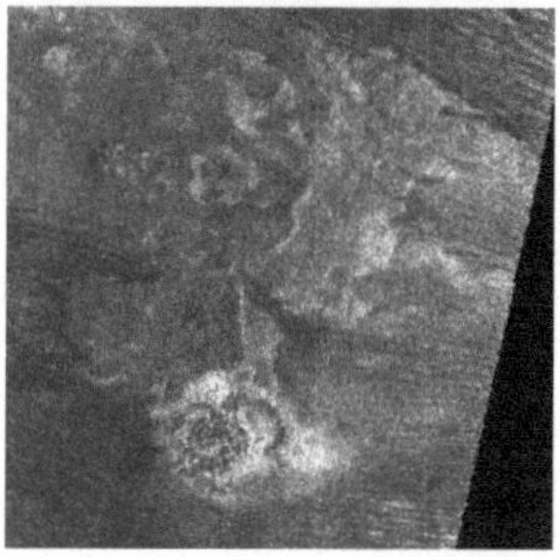

Criovulcano [i23]

Urano e Nettuno: Sfide Osservative

Visibilità Relativa e Magnitudine Apparente

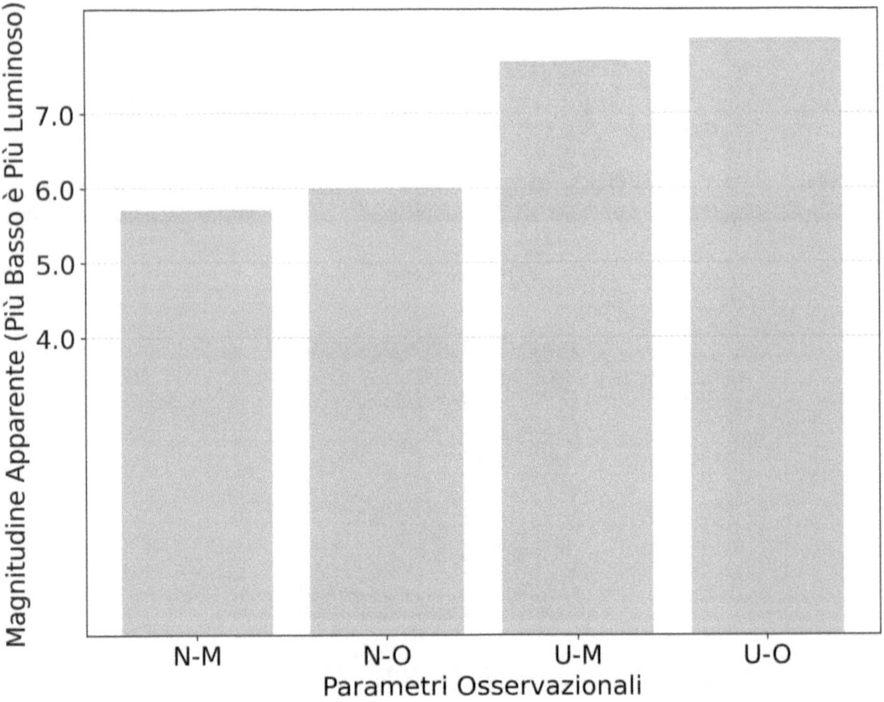

N-M: Nettuno - Condizioni Medie
N-O: Nettuno - Condizioni Ottimali
U-M: Urano - Condizioni Medie
U-O: Urano - Condizioni Ottimali

Nettuno è sempre più debole di Urano, il che lo rende significativamente più difficile da osservare ad occhio nudo o con telescopi più piccoli. La differenza di magnitudine apparente evidenzia la necessità di telescopi con apertura maggiore e cieli più scuri per un'osservazione efficace di Nettuno. Mentre Urano può essere individuato in condizioni favorevoli con una ricerca dedicata, Nettuno richiede quasi sempre un ausilio ottico.

Consigli concreti

- Segui il movimento delle lune di Giove e crea uno schizzo delle loro posizioni nel corso di diverse notti.
- Confronta la luminosità di Venere con quella di altri pianeti e stelle e annota le tue osservazioni.
- Cerca Marte nel cielo notturno e fai attenzione al suo colore rossastro.
- Cerca di individuare Urano e Nettuno con un binocolo o un telescopio e osserva il loro colore bluastro.
- Osserva gli anelli di Saturno con un telescopio e disegna la loro forma e struttura.
- Confronta le dimensioni di Giove e Saturno attraverso il telescopio e stima il loro rapporto di grandezza.
- Utilizza un software planetario per determinare la posizione attuale dei pianeti nel cielo e poi cercali ad occhio nudo o con uno strumento.
- Documenta la visibilità di Mercurio all'alba o al tramonto per un periodo prolungato.
- Crea una serie di foto delle fasi di Venere nel corso di diversi mesi, simile alle fasi lunari.
- Osserva Marte durante un'opposizione e confronta la sua grandezza e luminosità con altri momenti.
- Cerca di osservare le bande nuvolose di Giove con un telescopio e documenta le loro variazioni.
- Organizza una serata di osservazione con amici e familiari e condividi il tuo entusiasmo per i pianeti del nostro sistema solare.

2. 2 Scoperta di piccoli corpi celesti

Questo capitolo tratta dell'osservazione di asteroidi, comete e sciami meteorici. Imparerete come identificare questi oggetti deboli di luce nel cielo notturno e seguire il loro movimento. Verranno spiegate sia le tecniche e gli strumenti necessari, sia le sfide, come la distinzione tra stelle o la determinazione degli elementi orbitali. Preparatevi a diventare attivi e a esplorare il affascinante mondo dei piccoli corpi nel sistema solare.

Le probabilità di successo nella ricerca di asteroidi aumentano grazie alla scelta del momento giusto (fase di luna nuova), del luogo di osservazione (buio, visibilità del cielo libera) e della regione del cielo (vicinanza all'eclittica), nonché all'uso di software e carte stellari per la localizzazione di asteroidi noti.

Localizzare gli asteroidi

La localizzazione degli asteroidi richiede pazienza, tecnica precisa e una comprensione della himmelsmechanik. Gli asteroidi appaiono nel cielo notturno come punti deboli di luce che si muovono lentamente sullo sfondo delle stelle. Questo movimento è la chiave per distinguere le stelle, che appaiono fisse nel cielo. Per catturare questo movimento, vengono utilizz telescopi dotati di telecamere CCD ad alta sensibilità. Vengono effettuate più riprese della stessa regione del cielo a intervalli di tempo. Confrontando queste riprese, è possibile determinare il cambiamento di posizione di un asteroide. Un astronomo amatoriale potrebbe, ad esempio, identificare un punto luminoso in movimento analizzando tre riprese a intervalli di 30 minuti, scoprendo così un asteroide. Il movimento apparente di un asteroide nel cielo è il risultato del suo movimento reale nel sistema solare e del movimento della Terra attorno al Sole. Per determinare con precisione la posizione di un asteroide, sono necessarie misurazioni astrometriche. In questo caso, viene misurata la posizione esatta dell'asteroide rispetto a stelle conosciute. Questi dati vengono poi trasmessi al Minor Planet Center (MPC) dell'Unione Astronomica Internazionale (IAU). L'MPC è il centro di raccolta centrale per le osservazioni di asteroidi e comete. Calcola le orbite degli oggetti e assegna loro una designazione provvisoria. L'orbita di un asteroide è descritta dai suoi elementi orbitali. Questi includono, tra l'altro, il semiasse maggiore, l'eccentricità e l'inclinazione. Il semiasse maggiore indica la distanza media dell'asteroide dal Sole, l'eccentricità descrive la forma dell'orbita ellittica e l'inclinazione indica l'angolo del piano orbitale rispetto all'eclittica. L'eclittica è il piano in cui la Terra orbita attorno al Sole. Conoscendo questi elementi orbitali, è possibile calcolare la posizione dell'asteroide in qualsiasi momento e prevedere così la sua orbita futura. La luminosità di un asteroide varia nel tempo. Queste fluttuazioni di luminosità possono essere causate dalla rotazione dell'asteroide. Gli asteroidi hanno spesso forme irregolari e, quando ruotano, cambia la superficie illuminata dal Sole e quindi la quantità di luce riflessa. L'analisi di queste variazioni di luminosità, nota come analisi delle curve di luce, consente di determinare il periodo di rotazione dell'asteroide e di trarre conclusioni sulla sua forma. Un asteroide con una curva di luce molto variabile potrebbe avere, ad esempio, una forma allungata, mentre un asteroide con una luminosità costante è più probabilmente sferico.

La ricerca di asteroidi è influenzata da vari fattori, tra cui la posizione dell'osservatore sulla Terra, la stagione e la fase lunare. Il momento migliore per osservare gli asteroidi è durante la fase di luna nuova, quando il cielo è scuro. La regione vicino all'eclittica è particolarmente promettente, poiché la maggior parte degli asteroidi si trova qui. I programmi software e le mappe stellari possono aiutare nella pianificazione delle osservazioni, mostrando la posizione degli asteroidi noti e calcolando la visibilità nel luogo specifico. In questo modo, un osservatore può ottimizzare il tempo di utilizzo del telescopio e aumentare la probabilità di trovare un asteroide. Oltre all'osservazione visiva e alle misurazioni astrometriche, ci sono altri metodi per studiare gli asteroidi. Le osservazioni radar consentono di esaminare in dettaglio la forma e la superficie degli asteroidi. Le indagini spettroscopiche forniscono informazioni sulla composizione degli asteroidi. Le missioni delle sonde spaziali verso gli asteroidi forniscono dati preziosi sulle loro proprietà fisiche e sulla loro storia. La combinazione di questi diversi metodi consente una comprensione completa degli asteroidi e della loro importanza per la formazione e lo sviluppo del sistema solare. Il continuo miglioramento della tecnologia di osservazione e il crescente coinvolgimento degli astronomi amatoriali portano a un numero sempre crescente di asteroidi scoperti e ampliano la nostra conoscenza di questi affascinanti corpi celesti. Un appassionato astronomo amatoriale può, con l'attrezzatura giusta e le conoscenze necessarie, contribuire alla ricerca sugli asteroidi e diventare parte di questo entusiasmante viaggio di scoperta.

Utile sapere

Indagini spettroscopiche

Le indagini spettroscopiche analizzano la luce riflessa dagli asteroidi per ottenere informazioni sulla loro composizione. Materiali diversi assorbono ed emettono luce a lunghezze d'onda caratteristiche, permettendo di determinare la loro composizione chimica.

Minor Planet Center (MPC)

Il Minor Planet Center (MPC) è un'organizzazione dell'Unione Astronomica Internazionale (IAU) responsabile della raccolta e analisi dei dati di osservazione di asteroidi e comete. L'MPC calcola le orbite di questi oggetti e assegna loro designazioni.

Misurazioni astrometriche

Le misurazioni astrometriche determinano la posizione esatta dei corpi celesti nel cielo. Queste misurazioni sono importanti per calcolare le orbite degli asteroidi e prevedere la loro posizione futura.

Unione Astronomica Internazionale (IAU)

L'Unione Astronomica Internazionale (IAU) è un'organizzazione internazionale di astronomi responsabile della nomenclatura dei corpi celesti e della standardizzazione delle convenzioni astronomiche.

Distribuzione degli asteroidi nella fascia degli asteroidi

Distribuzione degli asteroidi in base alla loro distanza dal Sole.

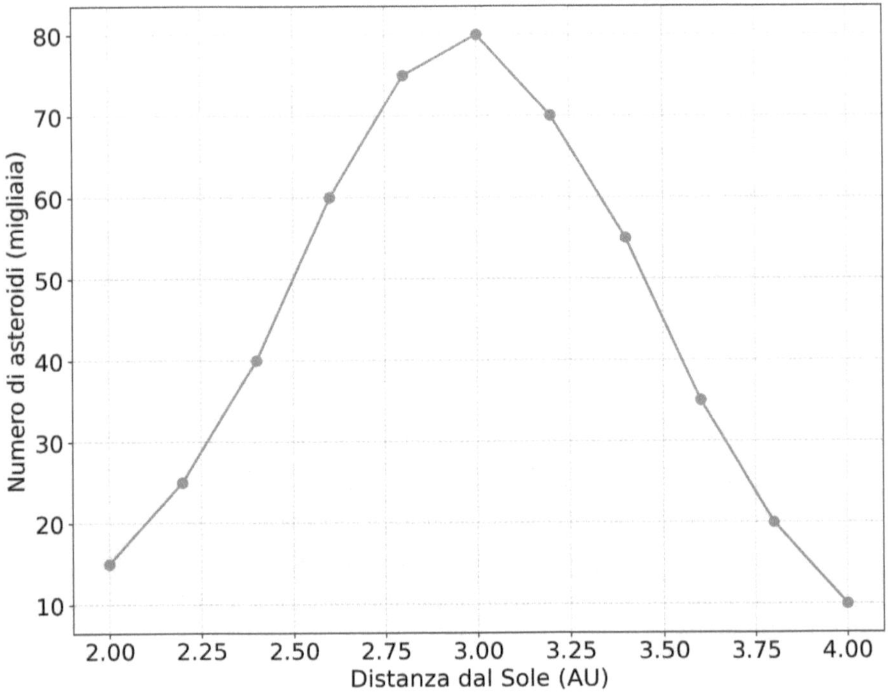

Il grafico mostra una maggiore concentrazione di asteroidi tra 2,5 e 3,5 UA, indicando la regione centrale della fascia degli asteroidi. Il calo del numero di asteroidi oltre 3,5 UA suggerisce una densità decrescente man mano che ci si allontana dal Sole.

Seguire le comete

Seguire le comete è diverso dall'osservazione degli asteroidi, sebbene entrambi i corpi celesti appaiano come punti debolmente luminosi. A differenza delle orbite relativamente stabili degli asteroidi, le comete cambiano drammaticamente la loro luminosità e il loro aspetto mentre si avvicinano al sole. Questi cambiamenti sono causati dalla sublimazione di sostanze volatili nel nucleo della cometa, che forma una coma (una bolla diffusa attorno al nucleo) e spesso uno o più codici. Questi codici, composti da polvere e gas ionizzati, possono estendersi per milioni di chilometri e cambiare forma e orientamento sotto l'influenza del vento solare. L'osservazione di queste strutture dinamiche richiede quindi un approccio adattato. L'orbita di una cometa, anch'essa descritta da elementi orbitali, è spesso significativamente più ellittica rispetto a quella della maggior parte degli asteroidi e può essere fortemente inclinata rispetto all'eclittica. Una cometa appena scoperta riceve, similmente agli asteroidi, una designazione provvisoria dal MPC. La determinazione esatta dei parametri orbitali di una cometa è più complessa a causa della sua attività variabile e richiede osservazioni continue su un lungo periodo. Così, l'interazione del plasma cometario con il vento solare può portare alla formazione di strutture nella coma della cometa e nei codici, che influenzano la luminosità apparente e la forma della cometa [s16]. Queste interazioni, che variano a seconda della distanza eliocentrica, complicano la determinazione precisa dell'orbita e richiedono analisi dettagliate dell'ambiente di plasma [s16]. Per documentare lo sviluppo di una cometa, sono necessarie osservazioni regolari della sua luminosità e dello sviluppo della coma e dei codici. Le osservazioni visive con telescopi forniscono informazioni importanti sull'aspetto della cometa, mentre le fotografie catturano la struttura dettagliata della coma e dei codici. La luminosità di una cometa è solitamente stimata su una scala, con lo sviluppo della luminosità in diretto rapporto con l'attività del nucleo della cometa e i processi di ionizzazione nel suo ambiente [s16]. In questo contesto, sia l'interazione elettronica che la photoionizzazione giocano un ruolo, la cui importanza relativa cambia nel corso della missione [s16]. La composizione della

coma e dei codici può essere studiata attraverso analisi spettroscopiche, che forniscono informazioni sulle molecole e gli ioni presenti nella cometa. La presenza di diverse popolazioni di elettroni, che differiscono per temperatura e origine, offre ulteriori spunti sui complessi processi all'interno della coma della cometa [s16]. Una documentazione e analisi accurata di questi dati è importante per comprendere i processi fisici e chimici che governano lo sviluppo di una cometa. Anche il ruolo delle onde e delle interazioni onda-particella, che contribuiscono al trasferimento di energia e al riscaldamento delle popolazioni di particelle, è esplorato attraverso tali osservazioni [s16]. Così, un osservatore potrebbe seguire lo sviluppo della luminosità di una cometa per diverse settimane, documentando i cambiamenti nella coma e nei codici, contribuendo così alla ricerca di questo affascinante corpo celeste. La combinazione di osservazioni visive, misurazioni astrometriche e analisi spettroscopiche consente una comprensione completa delle comete e del loro ruolo nel sistema solare.

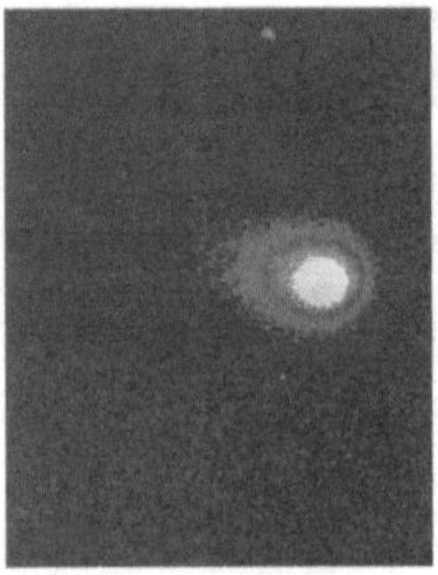

Chioma (Cometa) [i24]

coda di cometa [i25]

Plasma (fisica) [i26]

Utile sapere

Analisi spettroscopiche

Lo studio della luce dei corpi celesti per determinare la loro composizione e proprietà fisiche.

Distanza eliocentrica

La distanza di un corpo celeste dal sole.

Elementi orbitali

I sei parametri che descrivono univocamente l'orbita di un corpo celeste attorno a un altro corpo. Definiscono la dimensione, la forma e l'orientamento dell'orbita, nonché la posizione del corpo celeste sull'orbita.

Interazione elettronica

L'ionizzazione di atomi o molecole attraverso collisioni con elettroni.

Misurazioni astrometriche

Misurazioni accurate delle posizioni e dei movimenti dei corpi celesti.

Photoionizzazione

Il processo in cui un atomo o una molecola perde un elettrone assorbendo un fotone, diventando così ionizzato.

Sublimazione

Il passaggio diretto di una sostanza dallo stato solido a quello gassoso, senza passare per lo stato liquido. Nelle comete, la sublimazione di ghiaccio e altre sostanze congelate porta alla formazione della coma e dei codici.

Luminosità e distanza delle comete

Dimensioni, luminosità e distanza dalla Terra delle comete

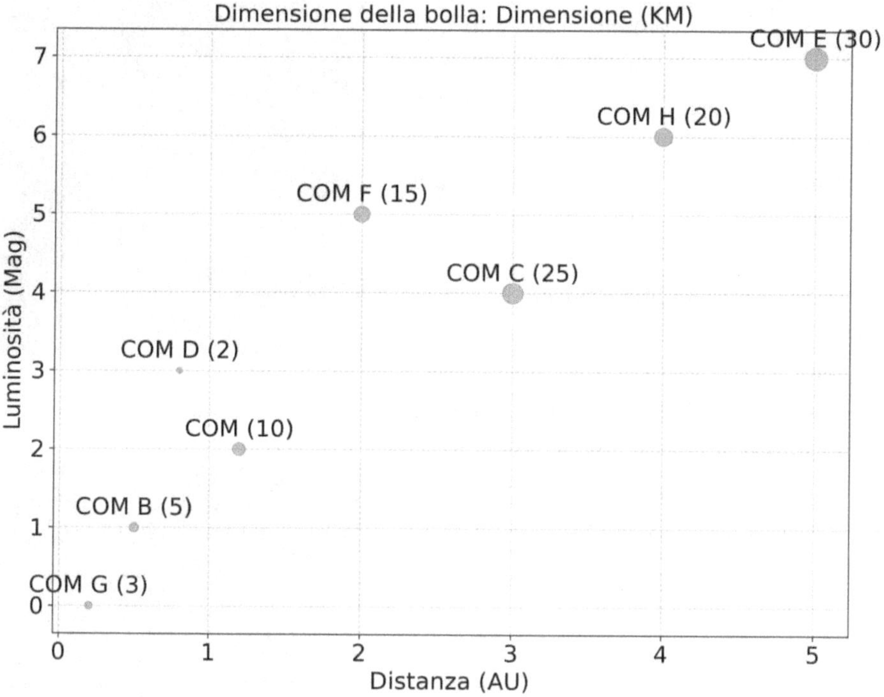

Blasengröße: Dimensione (KM)

COM: Cometa A	COM B: Cometa B
COM C: Cometa C	COM D: Cometa D
COM E: Cometa E	COM F: Cometa F
COM G: Cometa G	COM H: Cometa H

Le comete più grandi tendono ad essere più luminose, specialmente quando sono più vicine alla Terra. Tuttavia, alcune comete più piccole a distanze ravvicinate possono apparire più luminose di quelle più grandi e più distanti. La distanza gioca un ruolo significativo nella luminosità osservata, come si vede con alcune comete più piccole che sono più luminose di quelle più grandi e più lontane.

Osservare gli Sciami Meteorici

Cometa [i27]

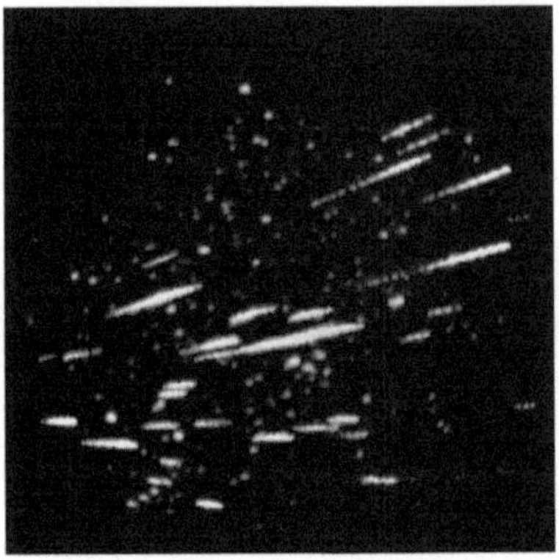

Radiante [i28]

Gli sciami meteorici si formano quando la Terra incrocia la scia di polvere di una cometa. Queste particelle di polvere, spesso non più grandi di granelli di sabbia, entrano nell'atmosfera terrestre ad alta velocità e si inceneriscono, creando le caratteristiche manifestazioni luminose che chiamiamo meteore o stelle cadenti. L'osservazione di questi fenomeni celesti non richiede attrezzature speciali, ma soprattutto un luogo di osservazione buio, lontano da fonti di luce disturbanti. Trova un posto con una vista libera sul cielo, preferibilmente lontano dalle aree urbane. Anche una sedia a sdraio e abbigliamento caldo possono aumentare notevolmente il comfort di osservazione, poiché gli sciami meteorici sono meglio osservati su un periodo di tempo prolungato. La maggior parte delle meteore di uno sciame sembra provenire da un punto specifico nel cielo, chiamato radiante. Il radiante si trova nella costellazione da cui prende il nome lo sciame meteorico. Ad esempio, le Perseidi sembrano provenire dalla costellazione di Perseo. Conoscere la posizione del radiante aiuta a identificare le meteore di uno specifico sciame. Uno sguardo a una mappa stellare prima di iniziare l'osservazione può quindi essere utile per determinare la posizione del radiante nel cielo e così distinguere le stelle cadenti dello sciame desiderato da meteore sporadiche. Il numero di meteore visibili all'ora, noto come Zenithal Hourly Rate (ZHR), indica l'attività di uno sciame meteorico e varia a seconda dello sciame e della data. Ad esempio, le Perseidi raggiungono a agosto un ZHR di fino a 100 meteore all'ora. Si noti che il numero effettivo di meteore visibili dipende dall'oscurità del luogo di osservazione e dall'altezza del radiante sopra l'orizzonte. Il miglior momento per osservare gli sciami meteorici è di solito dopo la mezzanotte, quando il radiante è più alto nel cielo. La Terra si muove, in un certo senso, frontalmente nella scia di polvere della cometa, aumentando così il numero di meteore visibili. Mentre la maggior parte delle meteore lampeggia solo per un breve momento, esemplari particolarmente luminosi, chiamati palle di fuoco o bolidi, possono essere visibili per diversi secondi e persino lasciare una scia di fumo. La velocità apparente delle meteore di uno sciame dipende dalla velocità relativa tra le particelle di polvere e la Terra.

Ad esempio, le meteore delle Perseidi appaiono piuttosto veloci, poiché le particelle di polvere della cometa Swift-Tuttle entrano nell'atmosfera terrestre ad alta velocità. Oltre ai noti sciami meteorici come le Perseidi, i Geminidi o i Leonidi, ci sono anche numerosi sciami più deboli che producono meno meteore all'ora. Informazioni sui periodi di attività e sul ZHR previsto dei vari sciami meteorici possono essere trovate in almanacchi astronomici o su siti web pertinenti. Fai attenzione alla pianificazione della tua notte di osservazione anche alla luna. Una luna brillante può ridurre notevolmente la visibilità delle meteore più deboli. Pertanto, scegli una notte attorno alla fase di luna nuova, quando il cielo è più scuro. In questo modo ottimizzi le tue possibilità di assistere a uno spettacolo celeste impressionante. Durante la tua osservazione, annota il numero di meteore viste e la loro luminosità. Questi dati possono essere segnalati a organizzazioni come l'International Meteor Organization (IMO) e contribuire così alla ricerca scientifica sugli sciami meteorici.

Bolide

Una meteora particolarmente luminosa, che spesso esplode o si frantuma in più parti e può lasciare una scia di fumo. A volte il termine è usato anche per meteore che producono suoni.

International Meteor Organization

Un'organizzazione internazionale di astronomi amatoriali e professionisti dedicata all'osservazione e alla ricerca delle meteore. Raccoglie dati di osservazione e pubblica informazioni sugli sciami meteorici.

Meteore Sporadiche

Meteore che non appartengono a uno sciame meteorico noto e appaiono apparentemente distribuiti casualmente nel cielo. Provengono da singole particelle di polvere nello spazio e non dalla scia di polvere di una cometa.

Radiante

Il punto nel cielo da cui sembrano provenire le meteore di uno specifico sciame. La sua posizione è determinata dalla costellazione in cui si trova.

Zenithal Hourly Rate

Il numero di meteore che un osservatore vedrebbe in condizioni ideali (cielo chiaro e scuro, radiante allo zenit) per ora. Serve come misura della forza di uno sciame meteorico.

Frequenza degli sciami meteorici

Frequenza relativa dei principali sciami meteorici.

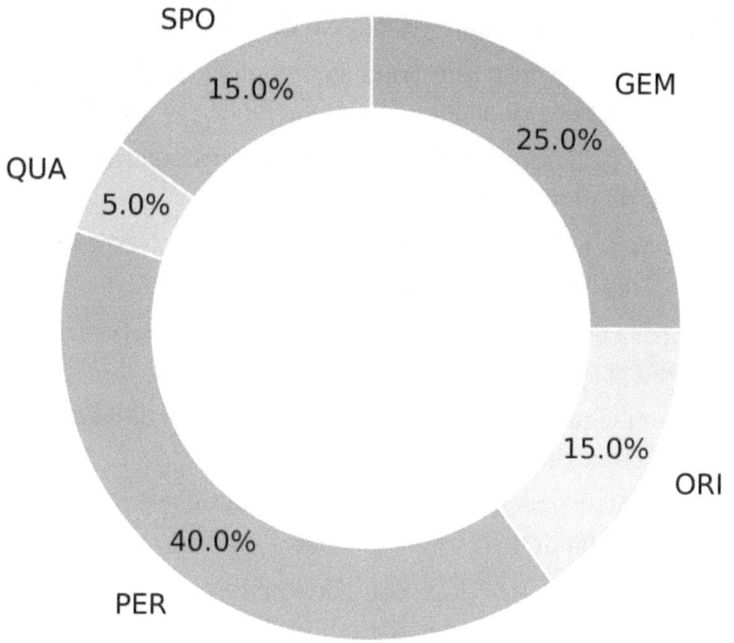

GEM: Geminidi

PER: Perseidi

SPO: Sporadiche

ORI: Orionidi

QUA: Quadrantidi

Le Perseidi sono lo sciame meteorico più frequente osservato, seguito dalle Geminidi e dalle Orionidi. Le Quadrantidi, sebbene intense, sono osservate meno spesso a causa del loro breve periodo di picco. Lo sfondo sporadico rappresenta il tasso base di meteore non associate a sciami specifici.

Consigli concreti

- Concentrati su specifiche regioni del cielo che sono meno considerate dai programmi di ricerca professionali.
- Analizza antiche registrazioni astronomiche per identificare oggetti potenzialmente trascurati.
- Sviluppa algoritmi propri per l'analisi automatizzata delle immagini, ottimizzati specificamente per oggetti deboli e in movimento.
- Scambia idee con altri astronomi amatoriali e coordina le tue osservazioni per scandagliare il cielo in modo più sistematico.
- Utilizza le piattaforme di "Citizen Science" per contribuire all'analisi di grandi set di dati e scoprire piccoli corpi.
- Specializzati nella ricerca di specifici tipi di piccoli corpi, come asteroidi near-Earth o oggetti nella fascia di Kuiper.
- Sperimenta con diverse esposizioni e tecniche di elaborazione delle immagini per migliorare la visibilità di oggetti deboli.
- Concentra la tua ricerca in periodi con condizioni di osservazione ottimali, come durante le piogge di meteore.
- Segui attentamente le orbite di comete conosciute e cerca troiani o oggetti co-orbitali nelle loro vicinanze.
- Analizza i dati orbitali di piccoli corpi noti e cerca schemi che possano indicare l'esistenza di ulteriori oggetti non scoperti.
- Sviluppa un sistema per la segnalazione automatizzata di potenziali scoperte al Minor Planet Center.
- Simula il movimento di piccoli corpi nel sistema solare per identificare regioni di ricerca promettenti.

2. 3 Esplorare il Sole

Il sole influisce in modo significativo sulla vita sulla Terra. Questo capitolo spiega come gli astrofili documentano l'attività solare e possono contribuire a comprendere meglio gli effetti del vento solare e dell'attività magnetica della nostra stella. L'osservazione sicura delle eclissi solari e delle protuberanze richiede attrezzature speciali e precauzioni, ma offre affascinanti spunti sulla dinamica dell'atmosfera solare. Scoprite i metodi e le opportunità per esplorare il sole in modo sicuro ed efficace.

Lo studio del Sole, dalla ricostruzione dell'attività passata attraverso isotopi cosmogenici all'osservazione delle attuali protuberanze, non solo offre affascinanti intuizioni sul comportamento della nostra stella, ma aiuta anche a comprendere e prevedere meglio il suo impatto a lungo termine sulla Terra.

Documentare l'attività solare

La documentazione dell'attività solare ci aiuta a comprendere il comportamento della nostra stella e a valutare i suoi effetti sulla Terra. Un aspetto importante è la ricostruzione dell'attività solare passata. A tal fine, vengono analizzati isotopi cosmogenici in campioni come anelli degli alberi o carote di ghiaccio, che fungono da indicatori dell'attività solare, poiché la loro concentrazione varia con l'intensità del vento solare [s17]. In questo modo, l'attività solare può essere ricostruita nel corso dei millenni, quantificata come numero di macchie solari, una misura dell'attività magnetica del Sole. Queste ricostruzioni mostrano non solo i noti cicli solari di 11 anni, ma anche fluttuazioni a lungo termine. È stata osservata una tale fluttuazione con un periodo di circa 2400 anni, durante i cui picchi e valli si accumulano minimi e massimi solari estremi [s17]. L'analisi del numero di macchie solari su lunghi periodi fornisce anche intuizioni sulle cause di questi minimi e massimi. I risultati della ricerca suggeriscono che questi eventi estremi non sono controllati da cicli a lungo termine, ma da processi stocastici, cioè casuali, nel dynamo solare, il meccanismo di generazione del campo magnetico del Sole [s18]. Si distingue tra minimi brevi, che durano da 30 a 90 anni, e minimi lunghi di oltre 110 anni [s18]. Queste scoperte forniscono importanti condizioni al contorno per i modelli del dynamo solare e migliorano la nostra comprensione del comportamento a lungo termine del Sole. Combinando diversi metodi, come l'analisi degli isotopi cosmogenici e la ricostruzione dei numeri di macchie solari, otteniamo un quadro più completo dell'attività solare e della sua variabilità.

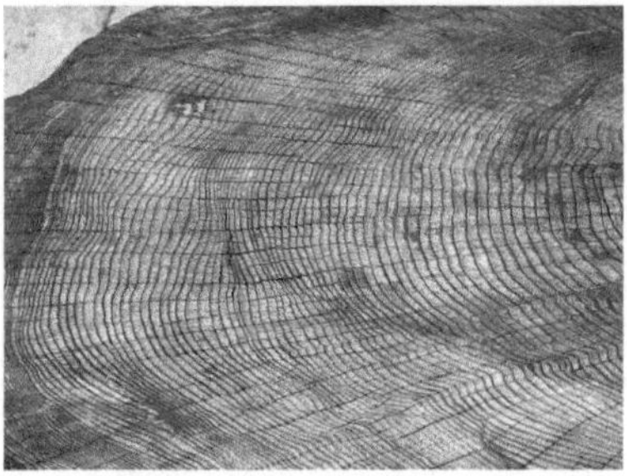

anello di accrescimento [i29]

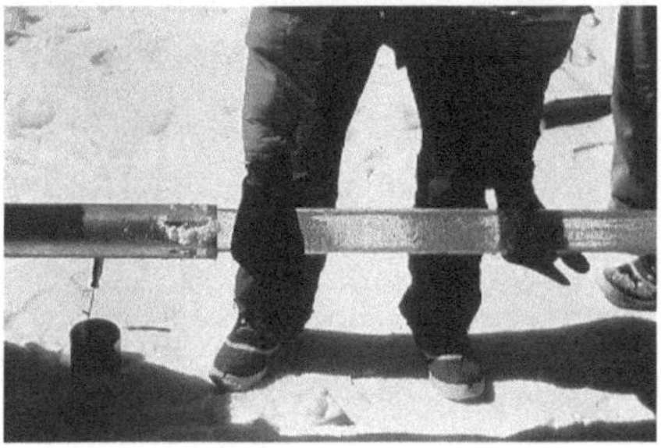

carota di ghiaccio [i30]

macchia solare [i31]

Dynamo solare

Il dynamo solare è il processo fisico all'interno del Sole che genera e mantiene il suo campo magnetico. Si basa sul movimento di plasma conduttivo elettricamente all'interno del Sole.

Isotopi cosmogenici

Gli isotopi cosmogenici si formano attraverso l'interazione della radiazione cosmica con atomi nell'atmosfera terrestre o sulla superficie terrestre. La loro frequenza in rocce, carote di ghiaccio o anelli degli alberi fornisce informazioni sull'intensità dell'attività solare nel passato.

Numero di macchie solari

Il numero di macchie solari è una misura dell'attività magnetica del Sole. Viene determinato contando le macchie scure sulla superficie solare, che si formano a causa di forti campi magnetici. Un alto numero di macchie solari indica un'attività solare aumentata.

Intensità dell'Attività Solare

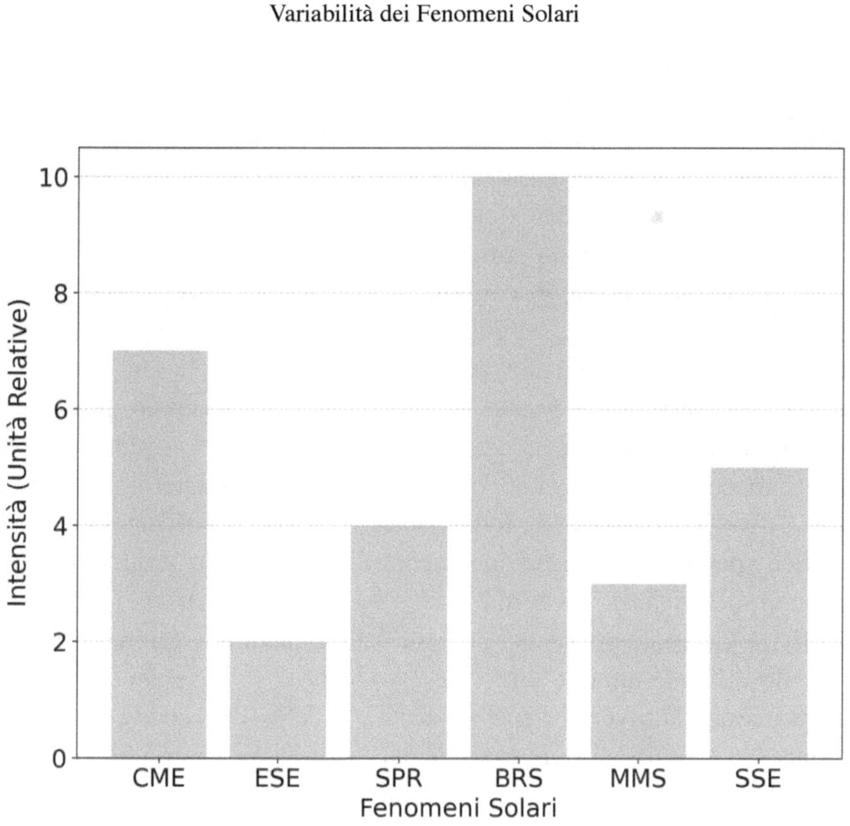

BRS: Brillamenti Solari

CME: Espulsioni di Massa Coronale

ESE: Eruzioni Solari Radio

MMS: Macchie Solari

SPR: Protuberanze Solari

SSE: Eruzioni di Vento Solare

Il grafico evidenzia variazioni significative nell'attività solare. Mentre i brillamenti solari dimostrano la più alta intensità di picco, le espulsioni di massa coronale rappresentano una minaccia più sostenuta a causa della loro durata prolungata e del rilascio di massa. La bassa intensità relativa ma l'alta frequenza delle macchie solari suggerisce un periodo di attività solare moderata nel complesso.

Osservare le eclissi solari

L'osservazione delle eclissi solari richiede particolari precauzioni, poiché guardare direttamente il sole può danneggiare irreparabilmente gli occhi. Anche durante un'eclissi, quando il sole è parzialmente coperto, una radiazione sufficientemente intensa entra nell'occhio da causare danni alla retina. Una protezione sicura è quindi essenziale. Gli occhiali per eclissi solari, dotati di un filtro certificato, bloccano la parte dannosa della radiazione solare e consentono un'osservazione sicura. Questi occhiali devono essere controllati per eventuali danni prima dell'uso e devono essere utilizzati solo per brevi sguardi al sole. In alternativa, l'eclissi può essere osservata indirettamente, ad esempio proiettando l'immagine del sole con un telescopio o un binocolo su uno schermo. In questo modo, l'evento può essere seguito senza mettere a rischio gli occhi. L'osservazione delle eclissi solari non solo offre uno spettacolo naturale spettacolare, ma ha anche contribuito in modo significativo allo sviluppo della fisica moderna [s19]. La conferma della Teoria della Relatività Generale attraverso la misurazione della deviazione della luce al bordo del sole durante un'eclissi evidenzia il valore scientifico di tali osservazioni. Attraverso l'analisi accurata della deviazione della luce durante un'eclissi, gli scienziati hanno potuto verificare le previsioni della Teoria della Relatività Generale, ampliando così la nostra comprensione della gravità e dello spaziotempo. Questa conoscenza costituisce oggi la base per l'esplorazione delle lenti gravitazionali, che consentono agli astronomi di studiare la distribuzione della massa nell'universo [s19]. Ad esempio, galassie lontane, il cui luce è deviata dalla gravità di un oggetto massiccio in primo piano, possono essere analizzate più accuratamente. La documentazione del corso di un'eclissi solare può fornire dati preziosi anche per gli astronomi amatoriali. - misurazione precisa del tempo di inizio e fine dell'eclissi - osservazione e descrizione della corona - documentazione fotografica delle varie fasi. Questi dati possono essere

utilizzati in progetti di Citizen Science e combinati con misurazioni professionali per comprendere meglio, ad esempio, la dinamica dell'atmosfera solare o determinare l'orbita esatta della luna. Combinando la ricerca professionale con le osservazioni amatoriali, si ottiene un quadro più completo di questi affascinanti eventi celesti.

Corona [i32]

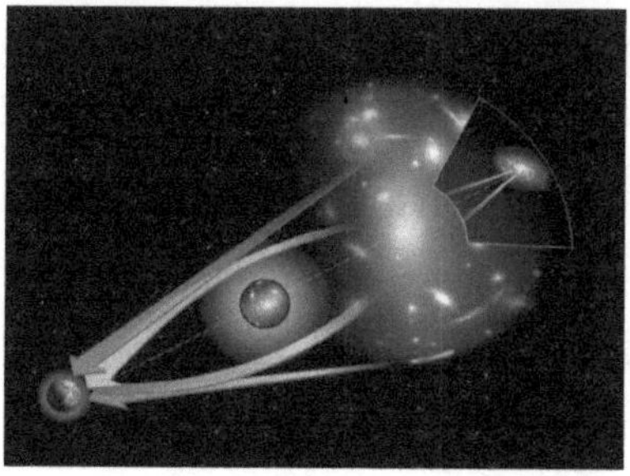

lente gravitazionale [i33]

Citizen Science

La Citizen Science si riferisce al coinvolgimento di ricercatori amatoriali in progetti scientifici. Con l'aiuto dei cittadini, possono essere raccolti e analizzati grandi volumi di dati che sarebbero difficili da gestire per gli scienziati professionisti da soli.

Corona

La corona è lo strato più esterno dell'atmosfera solare e appare come un alone luminoso attorno al sole, visibile soprattutto durante un'eclissi solare totale. È composta da plasma estremamente caldo ed è l'origine del vento solare.

Lenti Gravitazionali

Le lenti gravitazionali si formano quando la luce di oggetti lontani viene deviata dalla gravità di un oggetto massiccio in primo piano. Questo effetto può amplificare la luce e creare immagini distorte degli oggetti sullo sfondo.

Teoria della Relatività Generale

La Teoria della Relatività Generale è una teoria della gravità sviluppata da Albert Einstein. Descrive la gravità come curvatura dello spaziotempo causata da massa ed energia.

Tipi di eclissi solari

Frequenza dei tipi di eclissi solare

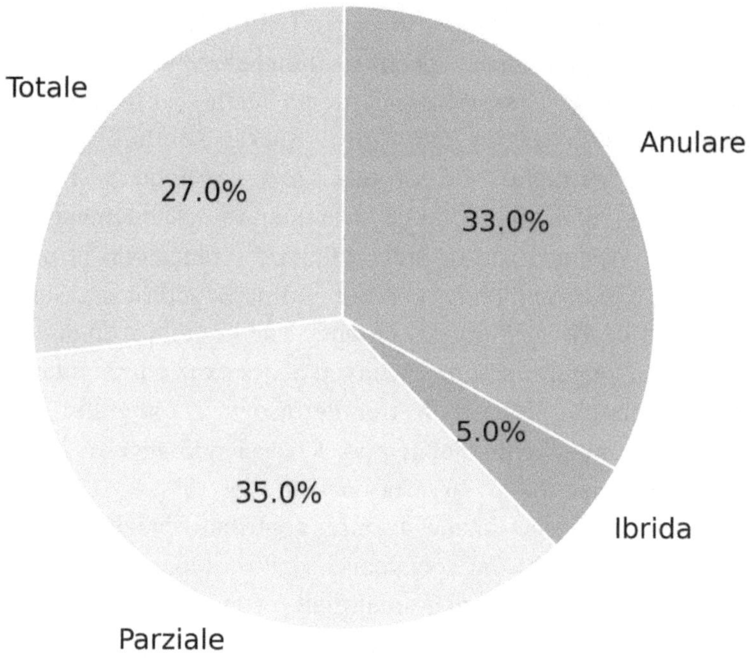

ANU: Anulare

IBR: Ibrida

PAR: Parziale

TOT: Totale

Le eclissi solari parziali sono il tipo più comune, verificandosi più frequentemente delle eclissi totali o anulari. Mentre le eclissi solari totali sono un evento spettacolare, il loro percorso di totalità limitato le rende un'esperienza più rara rispetto alla più ampia visibilità delle eclissi parziali e anulari. La proporzione relativamente piccola di eclissi ibride evidenzia la loro eccezionale rarità.

Riconoscere le Protuberanze

Le protuberanze sono strutture luminose di plasma nell'atmosfera solare che si estendono lungo le linee del campo magnetico. Si protendono ben oltre la superficie solare e offrono affascinanti spunti sulla dinamica del Sole. Per la loro osservazione, come per l'osservazione diretta del Sole in generale, è essenziale una protezione speciale. I filtri H-alpha lasciano passare solo la luce di una specifica lunghezza d'onda dell'idrogeno, consentendo così l'osservazione sicura delle protuberanze. Con un telescopio dotato di un tale filtro, queste strutture possono essere osservate in dettaglio. Le protuberanze appaiono come formazioni luminose e filamentose, che cambiano costantemente forma e dimensione. Alcune sono di breve durata e scompaiono in pochi minuti, mentre altre possono persistere per giorni o addirittura settimane. La loro varietà di forme è impressionante: anelli, archi e fontane sono solo alcune delle manifestazioni. Attraverso osservazioni regolari e la loro documentazione – ad esempio tramite disegni o fotografie – è possibile registrare i cambiamenti nel tempo. Così si può seguire lo sviluppo di una protuberanza dalla sua formazione fino al suo collasso. Queste osservazioni possono anche fornire contributi preziosi a progetti di Citizen Science che si occupano dello studio dell'attività solare. Combinando osservazioni amatoriali con dati professionali, gli scienziati ottengono una comprensione più completa dei complessi processi nell'atmosfera solare. Oltre ai filtri H-alpha, esistono anche i cosiddetti filtri di calcio K. Questi filtri operano nella parte viola dello spettro e mostrano, oltre alle protuberanze al bordo del Sole, anche strutture sulla superficie solare, chiamate filamenti. Un filamento è fondamentalmente la stessa struttura di una protuberanza, ma viene percepito davanti al disco solare come una striscia scura, poiché è più freddo rispetto alla superficie solare circostante. Con un telescopio adeguato e il filtro giusto, sia le protuberanze che i filamenti possono essere osservati in modo sicuro e dettagliato per studiare l'attività della nostra stella. Ad esempio, l'osservazione del cambiamento e del numero di protuberanze nel corso di un ciclo solare, che dura in media undici anni, fornisce informazioni importanti sull'attività magnetica del Sole. In fasi di alta attività solare, le protuberanze si verificano più frequentemente e in forme più complesse rispetto a fasi più tranquille. La documentazione di questi cambiamenti contribuisce a migliorare la previsione di tempeste solari e i loro effetti sulla Terra.

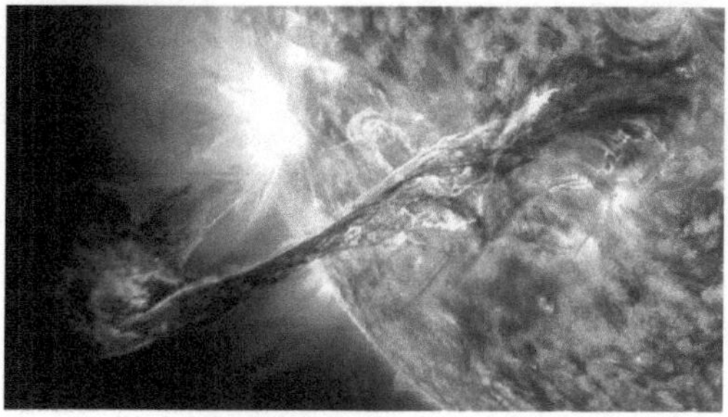

Protuberanza [i34]

Filtro Calcio-K [i35]

Confronto delle dimensioni delle protuberanze

Confronto dell'altezza delle protuberanze solari.

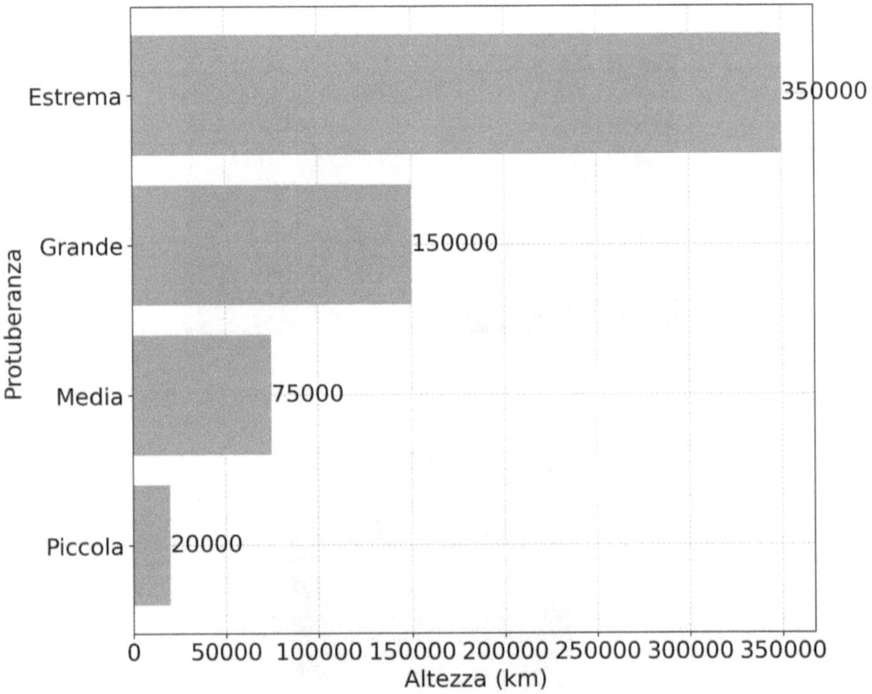

E: Estrema
G: Grande

M: Media
P: Piccola

Le protuberanze più grandi superano di gran lunga quelle più piccole. Le differenze di altezza indicano eruzioni di diversa intensità. Le protuberanze più piccole sono più frequenti di quelle molto grandi.

Consigli concreti

- Sviluppa un'ipotesi personale sull'origine di un particolare fenomeno solare e progetta un esperimento per verificarla.
- Ricerca osservazioni solari storiche di diverse culture e confronta i loro metodi e interpretazioni.
- Crea un modello tridimensionale del Sole che visualizzi i vari strati e processi.
- Monitora l'attività solare per un lungo periodo e correlala con i dati meteorologici della tua regione.
- Sviluppa uno strumento di misura per determinare l'intensità della radiazione solare.
- Calcola la quantità di energia che il Sole emette al secondo e confrontala con il consumo energetico della Terra.
- Progetta un concetto per una futura sonda spaziale che esplorerà il Sole da vicino.
- Organizza un evento pubblico per condividere la tua conoscenza sul Sole e la sua importanza per il nostro sistema solare.
- Discuti con altri sulle possibilità e le sfide dell'utilizzo dell'energia solare.
- Crea un'opera d'arte che esprima la bellezza e la potenza del Sole.
- Scrivi una storia o una poesia sul Sole dalla prospettiva di un altro corpo celeste.
- Rifletti sull'importanza del Sole per la vita sulla Terra e sulla tua relazione personale con la nostra stella.
- Progetta un esperimento mentale che esamini gli effetti di un'attività solare alterata sulla Terra.

Revisione - 2. Il nostro Sistema Solare

Il nostro sistema solare offre una miriade di affascinanti oggetti da osservare, dai pianeti rocciosi nella nostra immediata vicinanza ai misteriosi giganti di ghiaccio ai confini del nostro sistema. Per esplorare con successo le meraviglie del sistema solare, è opportuno pianificare strategicamente le proprie osservazioni e considerare le specifiche caratteristiche degli oggetti in questione. Potreste iniziare il vostro viaggio con i pianeti interni. Fate attenzione al crepuscolo per scoprire Mercurio nella debole luce. Venere, invece, essendo l'oggetto più luminoso nel cielo notturno, è facile da trovare, ma la sua densa atmosfera nasconde la superficie. Marte, d'altra parte, rivela i suoi dettagli migliori durante la sua opposizione, quando è particolarmente vicino alla Terra. Approfittate di queste occasioni per esplorare i dettagli affascinanti della superficie di questi pianeti con un telescopio.

Oltre la fascia degli asteroidi, i giganti gassosi Giove e Saturno con le loro lune e anelli attendono la vostra scoperta. Anche un piccolo telescopio rivela le bande nuvolose di Giove e il movimento delle sue lune più grandi. Il maestoso sistema di anelli di Saturno è uno spettacolo indimenticabile, anche a bassa ingrandimento. Seguite il movimento delle lune galileiane attorno a Giove o cercate di riconoscere la divisione di Cassini negli anelli di Saturno. L'osservazione di questi giganti gassosi offre un'esperienza gratificante per astronomi amatoriali di ogni livello di esperienza. Tuttavia, per osservare i giganti di ghiaccio esterni Urano e Nettuno, sono necessari telescopi più grandi e luoghi di osservazione bui. I loro pallidi dischi azzurri rappresentano una sfida, ma ricompensano l'osservatore paziente con uno sguardo ai pianeti più lontani del nostro sistema.

L'esplorazione di corpi più piccoli come asteroidi e comete richiede un approccio diverso. Gli asteroidi si identificano attraverso il loro movimento lento sullo sfondo stellare. Pianificate attentamente la vostra notte di osservazione, utilizzate carte stellari e software specializzati per identificare potenziali candidati. Documentate le vostre osservazioni e inviate le vostre misurazioni astrometriche al Minor Planet Center per contribuire alla ricerca sugli asteroidi. Le comete, invece, cambiano drammaticamente il loro aspetto man mano che si avvicinano al sole. Osservate e documentate lo sviluppo della chioma e della coda per comprendere i processi affascinanti che plasmano questi vagabondi ghiacciati. Seguire le comete richiede pazienza e perseveranza, ma vi ricompensa con un'unica visione della dinamica del sistema solare.

Anche l'osservazione di sciami meteorici e fenomeni solari offre opportunità entusiasmanti. Gli sciami meteorici si osservano meglio in una notte buia con una vista libera del cielo. Determinate il radiante dello sciame e concentrate il vostro sguardo in quella regione del cielo. Annotate il numero e la luminosità dei meteoriti e inviate i vostri dati a organizzazioni come l'IMO. Tuttavia, nell'osservazione del sole è necessaria la massima cautela. Utilizzate sempre filtri speciali o metodi di proiezione per proteggere i vostri occhi dalle dannose radiazioni solari. Documentate le macchie solari, le protuberanze e le eclissi per monitorare l'attività della nostra stella e contribuire a progetti di citizen science.

L'esplorazione del nostro sistema solare è un viaggio di scoperta continuo. Con l'attrezzatura giusta, una pianificazione accurata e una dose di pazienza, anche voi come astronomi amatoriali potete dare un contributo prezioso e vivere da vicino le meraviglie del nostro cortile cosmico. Unitevi a questa entusiasmante comunità e lasciatevi ispirare dalla bellezza e dalla complessità del sistema solare!

3. Spazio profondo

Cosa si nasconde nelle oscure distese al di là del nostro sistema solare? Lo spazio profondo attira con le sue galassie scintillanti, nuvole di gas luminose e ammassi di stelle luccicanti - un paradiso per chi intraprende un viaggio di scoperta con telescopio e fotocamera. I moderni strumenti amatoriali consentono oggi osservazioni che solo pochi decenni fa erano riservate all'astronomia professionale. La documentazione precisa di questi oggetti cosmici fornisce alla scienza dati preziosi e amplia la nostra comprensione dell'universo. In questo capitolo mostriamo come i segreti dello spazio profondo possano essere esplorati in modo sistematico.

3. 1 Osservare le galassie

Osservare galassie al di là della nostra Via Lattea offre affascinanti spunti sulla struttura dell'universo. La galassia di Andromeda, come vicino grande, è già visibile ad occhio nudo, mentre gli ammassi di galassie più distanti richiedono telescopi potenti e tecniche speciali. L'identificazione di questi oggetti lontani presenta sfide per gli astrofili riguardo alla scelta del luogo, all'attrezzatura e all'interpretazione delle osservazioni. Oltre al numero considerevole di galassie, è importante riconoscerne le diverse morfologie e i modelli di distribuzione spaziale. L'analisi delle luminosità, delle forme e delle emissioni radio fornisce informazioni preziose sulla composizione e sull'evoluzione di queste gigantesche strutture. Immergiti nel mondo dell'astronomia extragalattica e scopri la varietà delle galassie nel profondo spazio.

L'osservazione riuscita delle galassie, dalla nostra Via Lattea a lontani ammassi di galassie, richiede la combinazione di diverse tecniche di osservazione e la considerazione delle caratteristiche specifiche degli oggetti in questione.

Esplorare la Via Lattea

La nostra galassia, la Via Lattea, si estende per 100.000 anni luce e ospita miliardi di stelle, nebulose e nubi di polvere. La sua osservazione richiede sia l'occhio nudo che strumenti ottici. A occhio nudo, la Via Lattea appare come una banda diffusa e lattiginosa che si estende nel cielo notturno. Questa impressione è data dalla luce sovrapposta di innumerevoli stelle, troppo lontane per essere percepite singolarmente. Il momento ideale per l'osservazione è durante le notti senza luna, lontano dall'lichtverschmutzung urbano. Cerca un luogo con una vista libera verso il cielo per catturare al meglio la struttura della Via Lattea. Già con un binocolo è possibile risolvere ammassi stellari e nebulose più luminose all'interno della Via Lattea. Un telescopio consente di osservare singole stelle, le cui colori e luminosità variano. Tra l'altro, con un telescopio è possibile anche riconoscere nubi di polvere scure che assorbono la luce delle stelle sullo sfondo, creando strutture ad alto contrasto. La Via Lattea ha una struttura a spirale con diversi bracci, in cui si trovano aree di formazione stellare. Queste aree brillano intensamente nell'infrarosso e nel campo delle onde radio e possono essere osservate con telescopi appropriati. La posizione del nostro sistema solare si trova nel braccio di Orione, a circa 26.000 anni luce dal centro galattico. Il centro stesso è coperto da dense nubi di polvere nella luce visibile, ma può essere studiato con radiotelescopi e telescopi infrarossi. Qui si sospetta la presenza di un buco nero supermassiccio, Sagittarius A*, attorno al quale si muovono stelle ad alta velocità. La rotazione della Via Lattea fa sì che tutte le stelle si muovano attorno al centro galattico. Anche il nostro Sole impiega circa 230 milioni di anni per completare un'orbita. Il movimento delle stelle è complesso e influenzato dall'interazione gravitazionale con altre stelle e dalla distribuzione della materia oscura. La materia oscura costituisce una grande parte della massa della Via Lattea, ma non è direttamente osservabile. Tuttavia, la sua presenza può essere dimostrata attraverso il suo effetto gravitazionale sulla materia visibile. L'esplorazione della Via

Lattea fornisce importanti informazioni sulla formazione e l'evoluzione delle galassie. Attraverso l'analisi della composizione chimica delle stelle, gli astronomi possono trarre conclusioni sulle fasi iniziali dello sviluppo delle galassie. La distribuzione dei diversi tipi di stelle e degli ammassi stellari offre indicazioni sui processi dinamici all'interno della Via Lattea. L'osservazione di nebulose e aree di formazione stellare consente di studiare i processi di formazione delle stelle. La Via Lattea è anche la casa di numerosi ammassi globulari, che si trovano nel Halo della galassia. Questi ammassi stellari contengono alcune delle stelle più antiche della Via Lattea e forniscono quindi informazioni preziose sullo sviluppo precoce della nostra galassia. Ad esempio, puoi osservare l'ammasso globulare M13 nella costellazione di Ercole con un telescopio, che contiene diverse centinaia di migliaia di stelle. La continua esplorazione della Via Lattea con telescopi sempre più potenti e nuove metodologie di osservazione contribuisce ad approfondire la nostra comprensione delle galassie e dell'universo nel suo insieme. La scoperta di esopianeti attorno a stelle nella Via Lattea solleva anche la questione dell'esistenza di vita al di fuori della Terra. La ricerca di possibili segnali di civiltà extraterrestri si concentra, tra l'altro, sulla Via Lattea come nostro vicinato cosmico. L'esplorazione della Via Lattea è quindi non solo una sfida scientifica, ma anche un viaggio verso le origini del nostro sistema solare e i misteri dell'universo. Attraverso l'osservazione e la ricerca, possiamo continuamente ampliare la nostra conoscenza della Via Lattea e ottenere nuove intuizioni sulla nostra posizione nel cosmo.

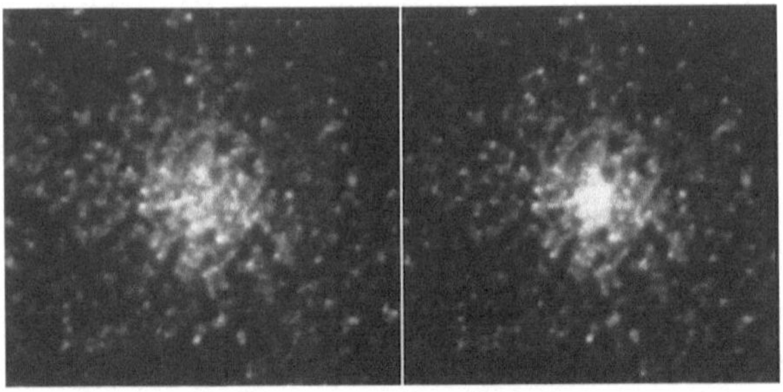

Ammasso globulare [i36]

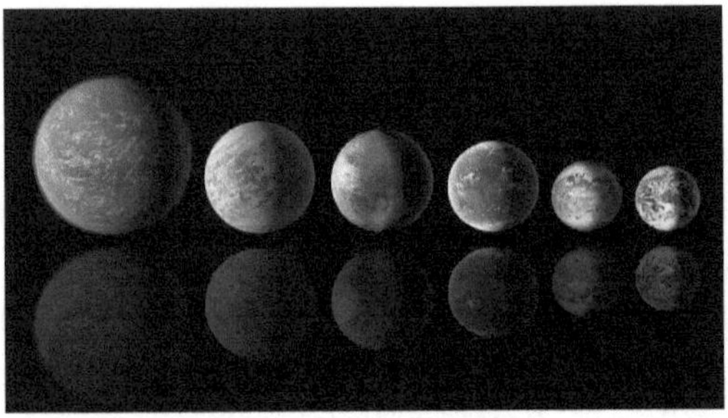

Esopianeta [i37]

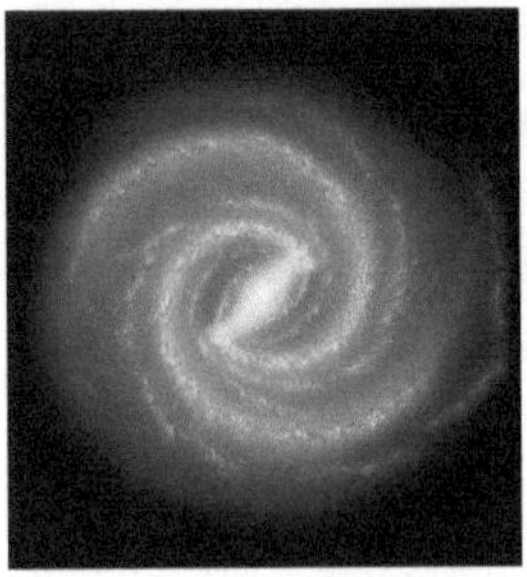

Radiotelescopio [i38]

Galassia a spirale [i39]

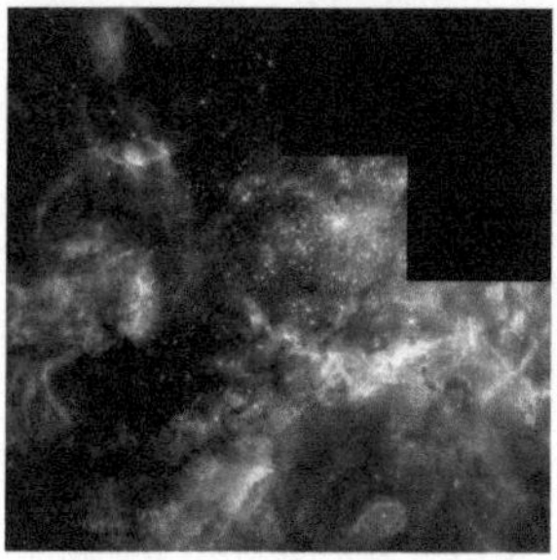

ammasso stellare [i40]

Utile sapere

Ammassi globulari

Gli ammassi globulari sono densi raggruppamenti di centinaia di migliaia a milioni di stelle, legati gravitazionalmente tra loro e situati nel halo delle galassie.

Onde radio

Le onde radio sono onde elettromagnetiche di grande lunghezza d'onda. Vengono emesse da oggetti astronomici e possono essere ricevute con radiotelescopi.

Esopianeta

Un esopianeta è un pianeta che orbita attorno a una stella diversa dal nostro Sole.

Halo

L'halo di una galassia è un'area sferica che circonda la galassia e consiste principalmente in ammassi globulari, materia oscura e stelle isolate.

Infrarosso

La radiazione infrarossa è una radiazione elettromagnetica invisibile all'occhio umano. Gli oggetti caldi, come le aree di formazione stellare, emettono radiazione infrarossa.

Telescopio infrarosso

I telescopi infrarossi sono telescopi che ricevono radiazione infrarossa dallo spazio. Consentono l'osservazione di oggetti coperti dalla luce visibile, come il centro della Via Lattea.

Popolazione Stellare della Via Lattea

Distribuzione dei tipi di stelle nella Via Lattea.

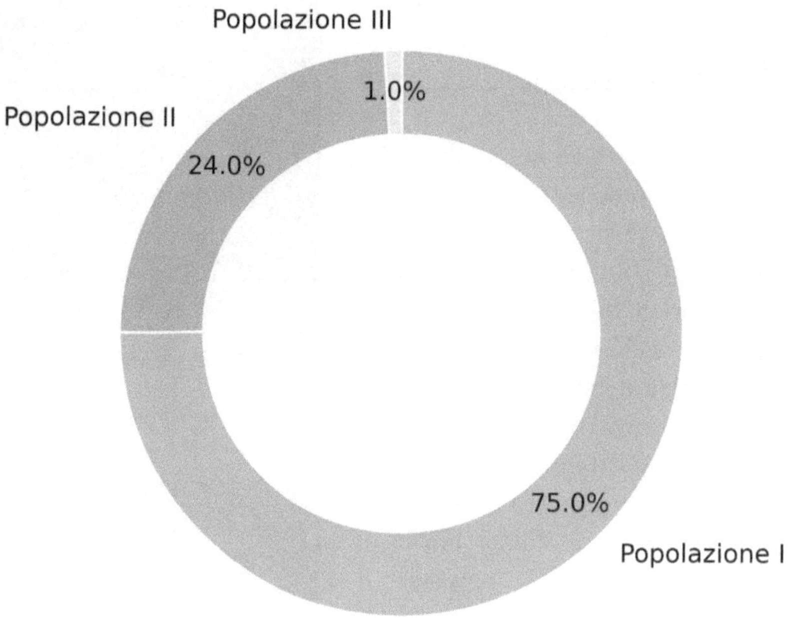

- POP I: Popolazione I (Giovani, Ricche di Metalli)
- POP II: Popolazione II (Vecchie, Povere di Metalli)
- POP III: Popolazione III (Ipotetiche, Prime Stelle)

Le stelle di Popolazione I, essendo più giovani e ricche di metalli, si trovano principalmente nei bracci a spirale e nel disco galattico, indicando una formazione stellare in corso in queste regioni. La presenza significativa di stelle di Popolazione II, che sono più vecchie e povere di metalli, suggerisce un'epoca di formazione stellare molto precedente, principalmente nell'alone e nel rigonfiamento galattico. La proporzione relativamente piccola di stelle di Popolazione III, se osservate, evidenzia la loro rarità e le antiche origini, potenzialmente rappresentando le primissime stelle formatesi nell'universo.

Catturare Andromeda

La Galassia di Andromeda, nota anche come M31, è la grande galassia a spirale più vicina alla nostra Via Lattea, con una distanza di circa 800 kpc [s20]. Per catturare Andromeda, in condizioni favorevoli, non è nemmeno necessario un telescopio. Sotto un cielo scuro, lontano da fonti di luce disturbanti, è visibile ad occhio nudo come una debole macchia nebbiosa. Un binocolo rivela già la forma ovale della galassia e il suo nucleo luminoso. Con un telescopio si possono osservare ulteriori dettagli, tra cui i bracci a spirale e le strade di polvere. Il miglior periodo per osservare Andromeda è nei mesi autunnali, quando si trova alta nel cielo. Orientati alla costellazione di Andromeda, che si trova sotto il grande quadrato di Pegaso. All'interno di questa costellazione, segui una linea immaginaria tra le stelle Mirach e Mu Andromedae per localizzare la galassia. La luminosità apparente di Andromeda varia a seconda delle condizioni di osservazione e dello strumento, ma generalmente si attesta su una magnitudine di 3,4. A differenza delle stelle puntiformi, Andromeda appare come un oggetto esteso, il che facilita la sua identificazione. Anche lo studio di Andromeda fornisce preziose informazioni sulla dinamica e l'evoluzione

Galassia di Andromeda [i41]

Costellazione di Andromeda [i42]

delle galassie. Ad esempio, sono stati calcolati i parametri di stabilità di Andromeda, con il valore più basso a distanze galattocentriche [s21]. L'osservazione e lo studio di Andromeda contribuiscono quindi a una comprensione più ampia dei processi nelle galassie e ampliano la nostra conoscenza dell'universo oltre la nostra Via Lattea.

Telescopio [i43]

Utile sapere

Distanze galattocentriche

La distanza galattocentrica si riferisce alla distanza di un oggetto dal centro di una galassia. Viene utilizzata per determinare la posizione di stelle e altri oggetti all'interno di una galassia.

Galassia a spirale

Le galassie a spirale sono un tipo di galassie caratterizzate dai loro bracci a spirale, composti da gas, polvere e stelle. Anche la nostra Via Lattea è una galassia a spirale.

Kiloparsec (kpc)

Un kiloparsec è un'unità di lunghezza astronomica che corrisponde a 1.000 parsec. Viene utilizzata per indicare le enormi distanze tra stelle e galassie. Un parsec corrisponde a circa 3,26 anni luce.

Parametri di stabilità

I parametri di stabilità in astronomia descrivono la capacità di una struttura (ad es. una galassia o un ammasso stellare) di mantenere la propria forma e coesione sotto l'influenza di forze interne ed esterne. Aiutano a comprendere quanto sia stabile un sistema rispetto alle perturbazioni.

Osservazione di Andromeda

Luminosità e struttura di diverse regioni all'interno della Galassia di Andromeda.

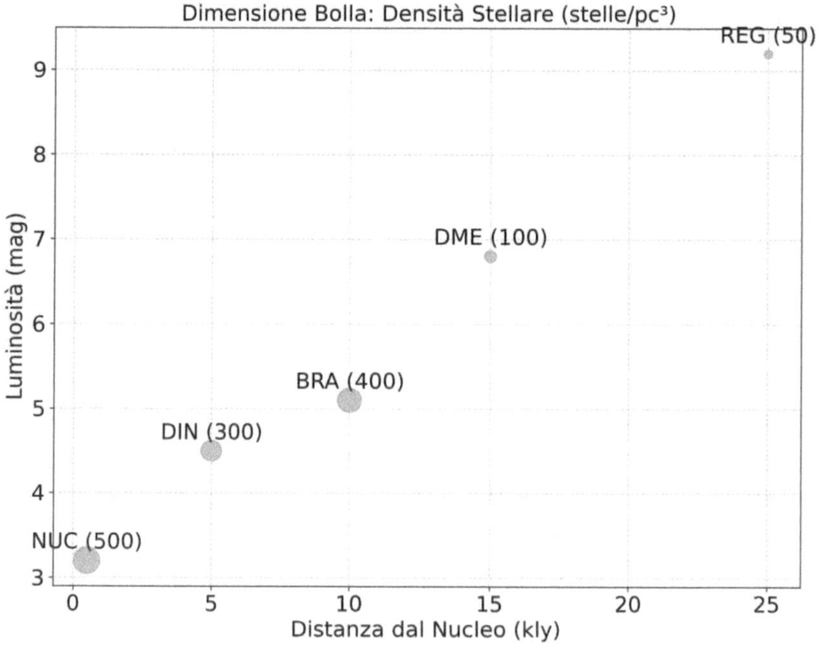

Blasengröße: Densità Stellare (stelle/pc3)

BRA: Braccio a Spirale

DIN: Disco Interno

DME: Disco Medio

NUC: Regione del Nucleo

REG: Regione Esterna

Le regioni centrali mostrano un'elevata luminosità e una struttura densa, indicando una concentrazione di stelle. Le regioni esterne mostrano una diminuzione sia della luminosità che della densità strutturale, suggerendo una popolazione stellare più rada. Le variazioni nelle dimensioni delle bolle evidenziano la distribuzione non uniforme della materia e della luminosità all'interno della galassia.

Identificare gli Ammassi di Galassie

Gli ammassi di galassie, enormi aggregati di galassie legati dalla loro gravità reciproca, possono essere identificati nel cielo notturno attraverso diverse caratteristiche. Un fattore importante è la loro densità spaziale: le galassie in un ammasso appaiono significativamente più concentrate rispetto allo spazio circostante. Mentre le singole galassie possono essere distribuite su grandi distanze, i membri dell'ammasso si raggruppano in un'area relativamente piccola. Questa concentrazione è spesso visibile anche con telescopi di media grandezza. Un altro indicatore è la morfologia delle galassie nell'ammasso. Le galassie ellittiche si trovano più frequentemente negli ammassi rispetto alle galassie a spirale. Le cause di questo fenomeno sono complesse e sono legate ai processi dinamici all'interno dell'ammasso. L'interazione tra le galassie può portare a cambiamenti morfologici, come la formazione di galassie ellittiche attraverso la fusione di galassie a spirale. Oltre all'osservazione ottica, anche le onde radio offrono spunti sulla struttura degli ammassi di galassie. La radiazione di sincrotrone diffusa, nota come radio-aloni, funge da indicatore dei processi di fusione all'interno dell'ammasso [s22]. Questi radio-aloni, scoperti in circa 50 ammassi di galassie, si formano grazie all'accelerazione di elettroni

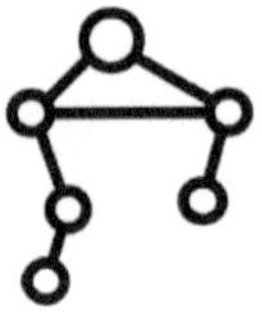

nei campi magnetici dell'ammasso [s22]. L'analisi di queste emissioni radio, combinata con l'effetto Faraday nelle galassie radio di fondo, consente di trarre conclusioni sulla forza e sul grado di ordine dei campi magnetici intracluster [s22]. Ad esempio, l'intensità totale dei radio-aloni è correlata con l'intensità del campo magnetico, mentre la polarizzazione fornisce informazioni sul grado di ordine del campo [s22]. Così, combinando osservazioni ottiche e radio, è possibile affinare l'identificazione degli ammassi di galassie e ottenere approfondimenti sulle loro proprietà fisiche. Se cercate in un'area del cielo una concentrazione notevole di galassie, prestate attenzione alla predominanza di galassie ellittiche e verificate l'esistenza di fonti radio diffuse.

Galassie ellittiche [i44]

Ammasso di galassie [i45]

alone radio [i46]

Utile sapere

Campi Magnetici Intracluster

I campi magnetici intracluster sono campi magnetici che esistono nello spazio tra le galassie di un ammasso. Svolgono un ruolo importante nella dinamica e nello sviluppo degli ammassi di galassie.

Galassie Ellittiche

Le galassie ellittiche hanno una forma ellissoidale e contengono generalmente stelle più vecchie e poco gas. Si trovano frequentemente negli ammassi di galassie.

Morfologia

La morfologia di una galassia descrive la sua forma e struttura esterna, come ad esempio spirale, ellittica o irregolare.

Polarizzazione

La polarizzazione descrive la direzione di oscillazione delle onde elettromagnetiche. La polarizzazione delle onde radio può essere influenzata dai campi magnetici e fornisce informazioni sulla loro struttura.

Dimensione Ammasso Galattico vs. Distanza

Relazione tra dimensione osservata e distanza degli ammassi galattici.

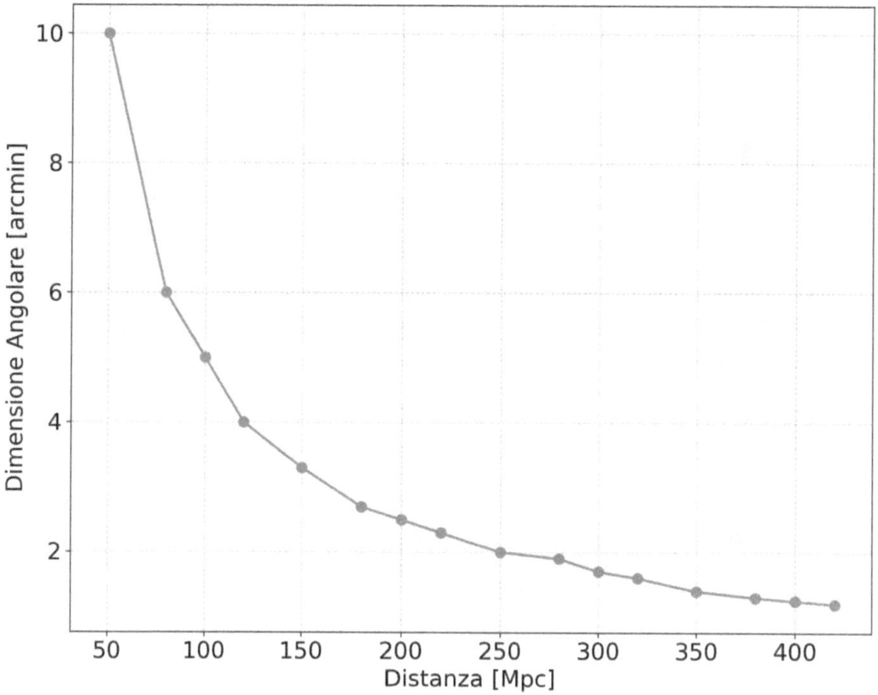

Il grafico dimostra una tendenza in cui la dimensione apparente diminuisce con l'aumentare della distanza. Ciò è coerente con l'aspettativa che gli oggetti appaiano più piccoli quanto più sono lontani. Ammassi più grandi e più distanti potrebbero apparire di dimensioni simili ad ammassi più piccoli e più vicini. Ciò evidenzia l'importanza della misurazione della distanza nel determinare le dimensioni effettive dell'ammasso.

Consigli concreti

- Creare un elenco di galassie che desideri osservare, ordinato in base alla loro visibilità dal tuo luogo.
- Sperimenta con diverse esposizioni e valori ISO della tua fotocamera per catturare i dettagli deboli delle galassie lontane.
- Utilizza software di fotoritocco per ridurre il rumore nelle tue astrofotografie e mettere in risalto le strutture delle galassie.
- Visita regolarmente siti web e forum di astrofotografi per informarti su nuove tecniche e scoperte.
- Confronta le tue foto di galassie con scatti professionali per migliorare le tue abilità e trovare nuova ispirazione.
- Crea una mappa dettagliata di un ammasso di galassie selezionato, evidenziando gli oggetti più interessanti.
- Organizza una notte di osservazione condivisa con altri astronomi amatoriali per esplorare insieme galassie lontane e scambiare esperienze.
- Documenta le tue osservazioni e crea un archivio personale delle tue foto di galassie, arricchito da informazioni sugli oggetti.
- Valuta l'acquisto di un telescopio più grande o di una fotocamera astronomica speciale per immergerti ancora di più nello spazio.
- Sviluppa un interesse particolare per un certo tipo di galassia, come le galassie di Seyfert o le galassie irregolari, e approfondisci le tue conoscenze su di esse.
- Tieni conferenze o presentazioni sulle tue osservazioni e condividi la tua fascinazione per le galassie con un pubblico più ampio.
- Crea un progetto artistico che unisca le tue foto di galassie con musica, poesia o altre forme d'arte.

3. 2 Documentare le nebulose

Emissioni, riflessioni e nebulose planetarie: la loro documentazione di successo presenta sfide particolari per gli astrofili. La scelta del luogo, l'apertura del telescopio e la selezione dei filtri influenzano in modo significativo la visibilità di questi oggetti spesso deboli. La tecnica giusta determina il successo, sia che si tratti di schizzi dettagliati o di impressionanti astrofotografie. Questo capitolo tratta le specifiche esigenze e difficoltà nell'osservazione e documentazione dei vari tipi di nebulose. Dalla scelta dell'attrezzatura giusta all'ottimizzazione della post-produzione delle immagini: qui troverete le informazioni necessarie. Immergetevi nel mondo affascinante delle nebulose e padroneggiate l'arte di catturare la loro bellezza fugace.

La scelta del telescopio giusto, dei filtri e del luogo di osservazione, così come la considerazione delle condizioni atmosferiche, sono fondamentali per la documentazione di successo delle nebulose.

Nebulose a emissione da rintracciare

Le nebulose a emissione brillano grazie all'eccitazione dei gas, principalmente idrogeno, da parte di stelle calde vicine. Queste nebulose appaiono spesso di colore rosso nelle foto, a causa della dominante emissione di idrogeno alfa. Per un'osservazione e documentazione di successo, ci sono alcuni fattori da considerare. La scelta del telescopio è fondamentale. Un rifrattore con una lunghezza focale corta e una buona correzione cromatica è adatto per osservazioni dettagliate di nebulose più piccole. I riflettori con un grande diametro raccolgono più luce, il che è vantaggioso per nebulose deboli e diffuse. L'apertura del telescopio determina la quantità di luce raccolta e quindi la visibilità dei dettagli deboli. Un telescopio con un'apertura di 200 mm mostra chiaramente più strutture in una nebulosa rispetto a uno con 100 mm. La lunghezza focale influisce sul campo visivo e sull'ingrandimento. Lunghezze focali corte offrono ampi campi e sono quindi adatte per nebulose diffuse, mentre lunghezze focali lunghe consentono ingrandimenti maggiori per osservazioni dettagliate di oggetti più piccoli. La scelta del giusto luogo di osservazione è altrettanto importante. L'inquinamento luminoso causato da luci artificiali riduce il contrasto e rende difficile l'osservazione delle nebulose. Un luogo buio lontano dalle città è ideale. Cerca posti con un valore Bortle basso, che quantifica la luminosità del cielo. Un valore di 1 rappresenta un cielo estremamente scuro, mentre 9 indica un cielo cittadino fortemente inquinato dalla luce. Anche un luogo con Bortle 4 o migliore offre condizioni notevolmente migliorate per l'osservazione delle nebulose. Le condizioni atmosferiche influenzano la qualità dell'immagine. Le turbolenze nell'aria portano a immagini sfocate. Notti con aria calma, riconoscibili da stelle poco tremolanti, sono ottimali. La transparenz dell'atmosfera, influenzata da foschia o nuvole, determina la quantità di luce che arriva. Notti chiare e senza luna offrono le migliori condizioni. L'uso di filtri per nebulose può aumentare notevolmente la visibilità delle nebulose a emissione. Questi filtri bloccano determinate lunghezze d'onda della luce, tra cui quella delle luci stradali, e lasciano passare le linee di emissione caratteristiche delle nebulose, aumentando il contrasto tra la nebulosa e il cielo di sfondo. Ci sono diversi tipi di filtri, come i filtri UHC (Ultra High Contrast), che lasciano passare un ampio spettro di linee di emissione, e filtri a banda stretta, che si concentrano su linee specifiche come H-Alpha o O-III. La scelta del filtro dipende dal tipo di nebulosa e dalle condizioni. Un filtro O-III, ad esempio, può evidenziare chiaramente le strutture della nebulosa a forma di manubrio (M27). La documentazione delle osservazioni può avvenire in vari modi. Schizzi al telescopio catturano dettagli e allenano l'occhio. La fotografia consente una rappresentazione dettagliata delle nebulose. L'astrofotografia richiede attrezzature e tecniche speciali, come tempi di esposizione lunghi e inseguimento del telescopio. L'uso di una camera astrofotografica raffreddata riduce il rumore dell'immagine e aumenta la sensibilità. I programmi di elaborazione delle immagini digitali consentono di ottimizzare le immagini e mettere in evidenza i dettagli. Una documentazione accurata dei dati di osservazione, come data, ora, dati del telescopio, filtri e condizioni, è essenziale per l'analisi successiva e il confronto con altre osservazioni. L'uso di un protocollo di osservazione astronomica può aiutare a raccogliere sistematicamente tutte le informazioni rilevanti. Oltre alle osservazioni visive e alle fotografie, possono essere effettuate misurazioni spettroscopiche per studiare la composizione e le proprietà fisiche delle nebulose. La scelta del giusto oggetto da osservare è anch'essa rilevante. Inizia con nebulose brillanti e facilmente individuabili come la nebulosa di Orione (M42) o la nebulosa Laguna (M8). Questi oggetti offrono anche in condizioni meno ottimali spettacolari visioni. Con l'aumentare dell'esperienza, puoi avventurarti verso oggetti più difficili, come nebulose planetarie o deboli resti di supernova. Carte stellari, software planetario e risorse online aiutano nella scelta e localizzazione delle nebulose. Fai attenzione alla declinazione della nebulosa. Gli oggetti con alta declinazione si trovano più in alto nel cielo e sono meno influenzati dalle turbolenze atmosferiche. Considera anche la stagione. Alcune nebulose sono visibili solo in determinati periodi dell'anno.

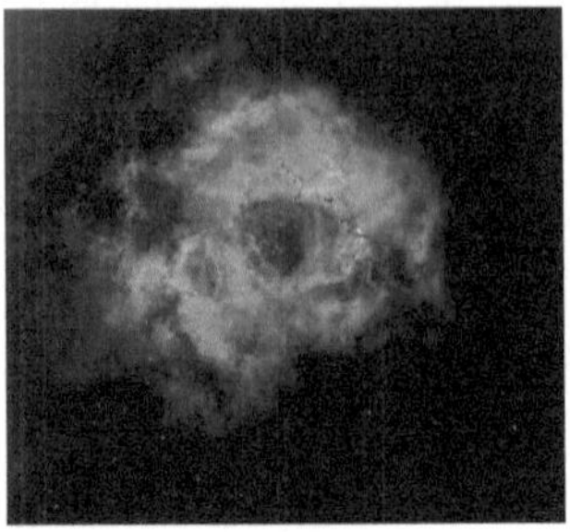

Filtro nebulare [i47]

Riflettore [i48]

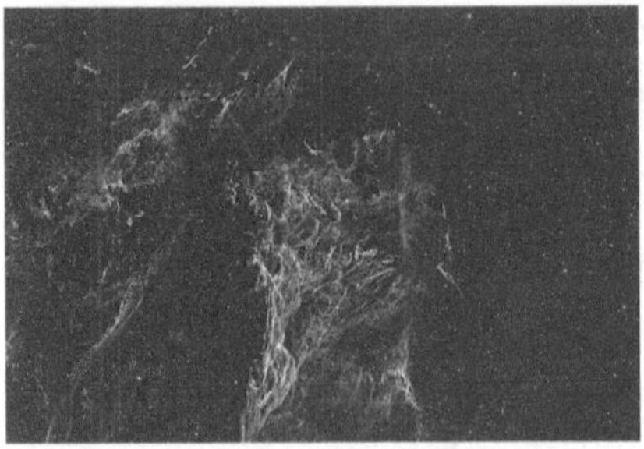

Filtro a banda stretta [i49]

Utile sapere

Emissione di idrogeno alfa

L'emissione di idrogeno alfa è una lunghezza d'onda specifica della luce (656,3 nanometri) che si genera quando gli elettroni negli atomi di idrogeno cadono da un livello energetico più alto a uno più basso. Questa emissione è caratteristica di molte nebulose a emissione e spesso conferisce loro un colore rosso.

Filtri a banda stretta

I filtri a banda stretta lasciano passare solo un intervallo molto ristretto di lunghezze d'onda, tipicamente le linee di emissione di determinati elementi come idrogeno o ossigeno.

Inquinamento luminoso

L'inquinamento luminoso è l'illuminazione del cielo notturno causata da fonti di luce artificiali. Riduce il contrasto e la visibilità degli oggetti astronomici.

Misurazioni spettroscopiche

Le misurazioni spettroscopiche analizzano la luce degli oggetti astronomici per ottenere informazioni sulla loro composizione, temperatura e movimento.

Resti di supernova

I resti di supernova sono i resti in espansione di stelle che sono esplose come supernova.

Analisi Spettrale delle Nebulose a Emissione

Confronto delle principali linee di emissione

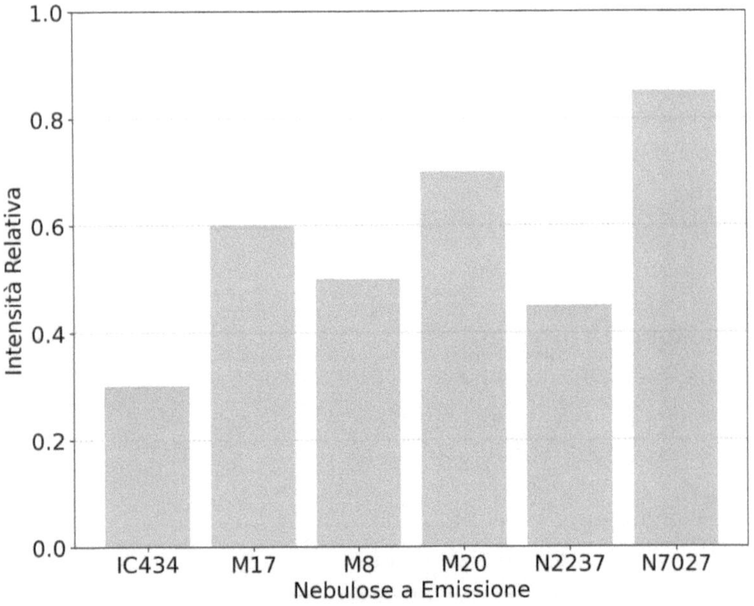

IC434: IC 434 (Nebulosa Testa di Cavallo) M17: Nebulosa Omega (M17)
M20: Nebulosa Trifida (M20) M8: Nebulosa Laguna (M8)
N2237: Nebulosa Rosetta (NGC 2237) N7027: NGC 7027

Questo grafico rivela variazioni significative nell'intensità delle diverse linee spettrali tra le nebulose osservate. NGC 7027 mostra una presenza particolarmente forte di Ossigeno III, indicando alte temperature, mentre la Nebulosa Rosetta (NGC 2237) mostra una distribuzione più bilanciata tra Idrogeno-alfa, Azoto II e Zolfo II, suggerendo un ambiente più freddo con una composizione elementare diversificata. La Nebulosa Laguna (M8) dimostra una emissione dominante di Idrogeno-alfa, caratteristica delle regioni di formazione stellare attiva.

Trovare le nebulose planetarie

Le nebulose planetarie, resti di stelle morenti, non sono collegate ai pianeti nonostante il loro nome. La loro formazione segna la fine di stelle di massa simile al Sole. Queste espellono i loro strati esterni, che vengono poi eccitati a brillare dal nucleo caldo della stella morente. Trovare questi oggetti spesso deboli richiede tecniche speciali. Un fattore cruciale è la conoscenza della loro distribuzione. Le nebulose planetarie si concentrano verso il piano galattico e il Bulge [s23], cioè quella zona centrale della nostra galassia. Queste regioni sono ricche di stelle, il che rende la ricerca più difficile, simile alla ricerca di un fiore specifico in una foresta fitta. L'identificazione della stella centrale che illumina la nebulosa è spesso complicata. Molte di queste stelle sono otticamente deboli e non si trovano sempre nel centro geometrico della nebulosa [s23]. Un telescopio con grande apertura raccoglie più luce, consentendo così la rilevazione di queste stelle deboli. Anche qui vale la regola: maggiore è l'apertura, migliore è la visibilità. Un telescopio da 250 mm mostra più dettagli di uno da 150 mm. L'uso di filtri per nebulose, in particolare filtri O-III, aumenta il contrasto lasciando passare le lunghezze d'onda specifiche della luce delle nebulose e bloccando al contempo la luce indesiderata. Un filtro O-III evidenzia chiaramente le strutture di una

Linee di emissione [i50]

Piano galattico [i51]

nebulosa planetaria isolando le caratteristiche linee di emissione dell'ossigeno doppiamente ionizzato. La luminosità delle nebulose planetarie offre un modo per determinare le distanze. La funzione di luminosità delle nebulose planetarie (PNLF) sfrutta la conoscenza che le nebulose planetarie più luminose hanno una luminosità assoluta quasi uguale [s24]. Confrontando la luminosità apparente con la luminosità assoluta nota, è possibile stimare la distanza. Le più luminose di queste nebulose provengono da stelle di massa bassa o media, che plasmano la PNLF per circa un millennio [s24]. Comprendere la PNLF può quindi essere utile nella ricerca e nell'analisi delle nebulose planetarie. Oltre alle mappe stellari e al software planetario, risorse online come database e cataloghi possono aiutare nell'identificazione e localizzazione delle nebulose planetarie. Questi database contengono spesso informazioni dettagliate su posizione, luminosità, dimensioni e altre caratteristiche, facilitando la ricerca e aiutando a pianificare le osservazioni.

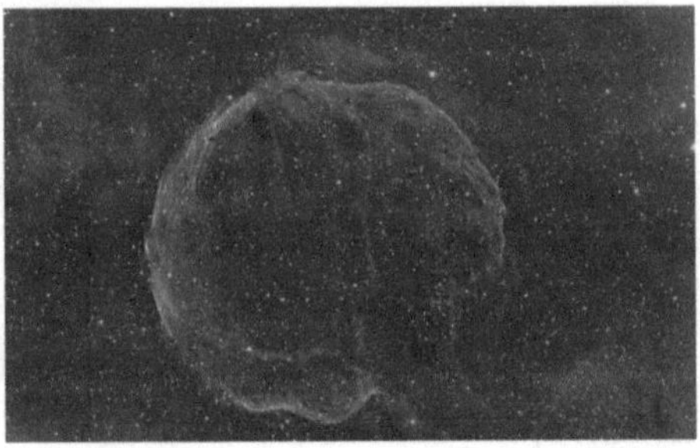

Filtro O-III [i52]

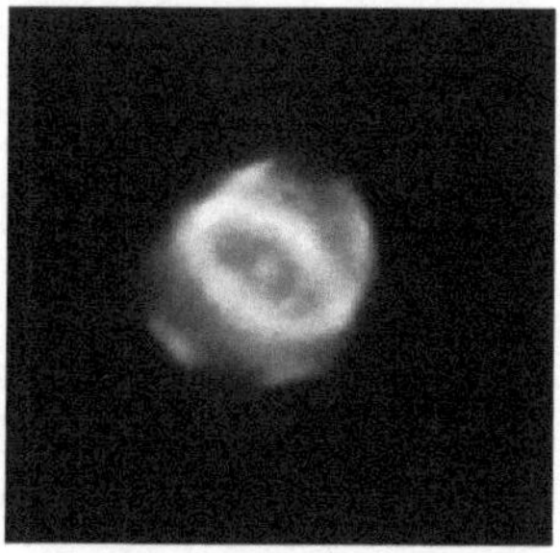

Stella centrale [i53]

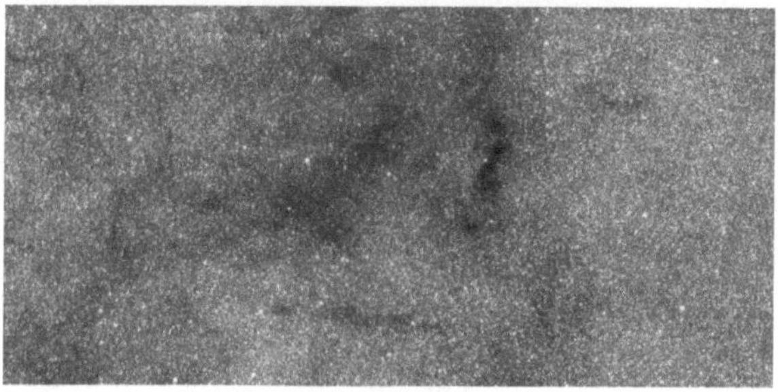

Rigolio [i54]

Utile sapere

Linee di emissione

Le linee di emissione sono linee luminose nello spettro di un oggetto astronomico, che si formano quando gli atomi emettono luce a determinate lunghezze d'onda. Forniscono informazioni sulla composizione chimica e sullo stato fisico dell'oggetto.

Luminosità apparente

La luminosità apparente indica quanto è luminoso una stella o un altro oggetto astronomico visto dalla Terra. Dipende dalla reale luminosità dell'oggetto e dalla sua distanza dalla Terra.

Luminosità assoluta

La luminosità assoluta è la luminosità apparente che una stella o un altro oggetto astronomico avrebbe se si trovasse a una distanza standard di 10 parsec (32,6 anni luce) dalla Terra. È una misura della reale luminosità dell'oggetto.

Ossigeno doppiamente ionizzato

L'ossigeno doppiamente ionizzato è ossigeno da cui sono stati rimossi due elettroni. Si trova in nebulose di gas calde come le nebulose planetarie e emette luce a determinate lunghezze d'onda, che possono essere isolate con un filtro O-III.

Piano galattico

Il piano galattico è il piano principale di una galassia, in cui si trovano la maggior parte delle stelle, gas e polvere. Appare come una struttura piatta e a forma di disco.

Forme delle nebulose planetarie

Frequenza delle forme osservate di nebulose planetarie

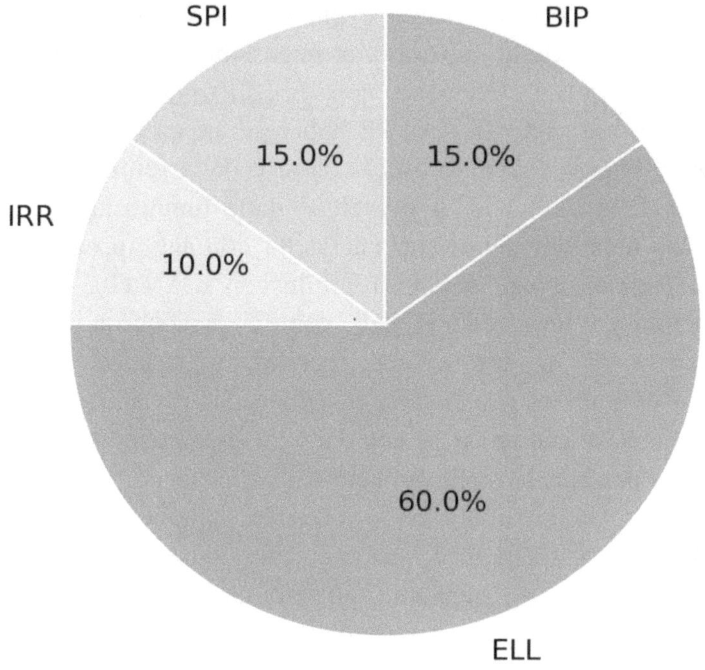

BIP: Bipolare
ELL: Ellittica
IRR: Irregolare
SPI: Spirale

Le nebulose ellittiche sono le più comuni, suggerendo processi che favoriscono questa morfologia. Mentre le spirali e le forme irregolari si verificano meno frequentemente, la loro presenza indica diversi meccanismi di formazione e influenze, giustificando ulteriori studi per comprendere i fenomeni fisici sottostanti.

Riconoscere le Nebulose a Riflessione

Le nebulose a riflessione si caratterizzano per il fatto che riflettono la luce delle stelle, a differenza delle nebulose a emissione, che emettono luce propria. La luce delle stelle vicine, di solito giganti blu o supergiganti, viene diffusa dalle particelle di polvere nella nebulosa. Queste particelle di polvere sono spesso costituite da silicati, grafite o ghiaccio. Il colore blu si genera perché la luce blu viene diffusa più intensamente rispetto a quella rossa, simile a quanto avviene con la diffusione Rayleigh, che conferisce colore al cielo diurno. Le nebulose appaiono quindi spesso blu o bluastro-bianco. L'intensità del colore e della luminosità dipende dalla densità delle particelle di polvere e dalla luminosità della stella eccitante. Una nebulosa densa con una stella brillante appare di un blu più intenso rispetto a una nebulosa sottile con una stella più debole. Così, la nebulosa intorno alle Pleiadi, conosciuta anche come le Sette Sorelle, appare di un blu vivace. Per identificare le nebulose a riflessione, è utile conoscere la loro posizione. Si trovano spesso vicino a giovani ammassi stellari o in regioni di formazione stellare attiva, poiché lì sono presenti le stelle brillanti e le nubi di polvere necessarie. La vicinanza a stelle luminose è cruciale, poiché le nebulose a riflessione non emettono luce propria. Uno sguardo a una mappa stellare con le nebulose segnate può facilitare la ricerca. Durante l'osservazione, prestare attenzione al colore e alla forma. La colorazione blu è un indicativo importante, così come la struttura diffusa e irregolare, che si distingue dall'aspetto puntiforme delle stelle. A differenza delle strutture spesso filamentose delle nebulose a emissione, le nebulose a riflessione appaiono più lisce e uniformi. L'uso di filtri non offre vantaggi significativi nell'osservazione delle nebulose a riflessione rispetto a quelle a emissione. Poiché la luce stellare riflessa presenta uno spettro continuo, i filtri che bloccano determinate lunghezze d'onda attenuerebbero anche la luce della nebulosa. L'osservazione delle nebulose a riflessione beneficia invece di un cielo scuro e di una buona trasparenza atmosferica. Analogamente all'osservazione delle nebulose a emissione, un luogo lontano dall'lichtverschmutzung urbano è ideale. Un telescopio con un'apertura grande raccoglie più luce, consentendo di percepire nebulose più deboli e strutture più sottili. Nella documentazione tramite astrofotografie, sono necessarie lunghe esposizioni per catturare abbastanza luce e rappresentare i dettagli deboli della nebulosa. La post-elaborazione delle immagini può poi aiutare ad aumentare il contrasto e a mettere in risalto i colori. In questo modo, è possibile catturare al meglio la bellezza di questi affascinanti oggetti.

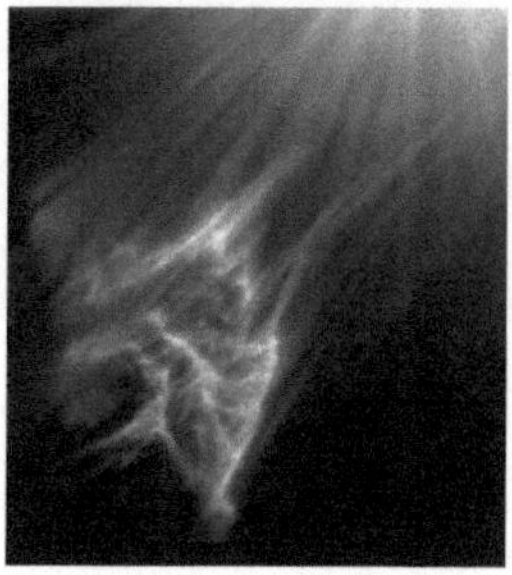

Pleiadi [i55]

Astrofotografia [i56]

Utile sapere

Diffusione Rayleigh

La diffusione Rayleigh descrive la diffusione della radiazione elettromagnetica (ad es. luce) su particelle più piccole della lunghezza d'onda della radiazione. Nel contesto delle nebulose, provoca una diffusione maggiore della luce blu rispetto a quella rossa, facendo apparire blu le nebulose a riflessione.

Pleiadi

Le Pleiadi, conosciute anche come le Sette Sorelle o M45, sono un ammasso stellare aperto nella costellazione del Toro. Sono circondate da una nebulosa a riflessione che appare blu a causa della diffusione della luce stellare sulla polvere interstellare.

Silicati

I silicati sono un gruppo di minerali basati su silicio e ossigeno e si trovano frequentemente nelle particelle di polvere delle nebulose a riflessione. Contribuiscono alla diffusione della luce stellare.

Spettro continuo

Uno spettro continuo contiene luce di tutte le lunghezze d'onda, a differenza di uno spettro a righe, che contiene solo determinate lunghezze d'onda. La luce stellare ha generalmente uno spettro continuo.

Luminosità relativa delle nebulose

Luminosità delle nebulose a riflessione comuni.

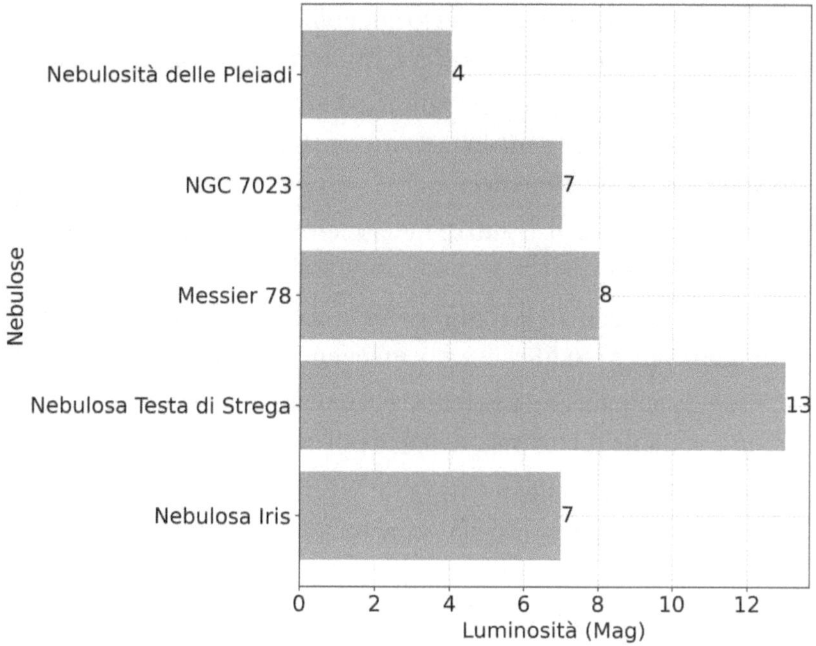

IRN: Nebulosa Iris

NGC: NGC 7023

TSN: Nebulosa Testa di Strega

M78: Messier 78

PLN: Nebulosità delle Pleiadi

Il grafico a barre orizzontali confronta visivamente la luminosità relativa di diverse nebulose a riflessione. La Nebulosa Testa di Strega appare significativamente più debole delle altre, il che la rende un obiettivo difficile da osservare. La Nebulosità delle Pleiadi, d'altra parte, vanta la maggiore luminosità, a indicare la sua prominenza nel cielo notturno. Le restanti nebulose rientrano in una luminosità media, suggerendo una visibilità moderata con attrezzature appropriate.

Consigli concreti

- Collegate la struttura del nebula osservata a forme conosciute della vostra vita quotidiana e documentatele visivamente.
- Create una registrazione audio dei vostri pensieri e impressioni durante l'osservazione del nebula, per catturare l'atmosfera.
- Sviluppate un vostro linguaggio simbolico per documentare le diverse sfumature di luminosità e strutture all'interno del nebula.
- Confrontate le vostre osservazioni del nebula con rappresentazioni artistiche di nebula nella letteratura o nella pittura e annotate le somiglianze e le differenze.
- Scrivete un breve racconto di fantascienza ambientato nel nebula osservato e lasciate che le vostre impressioni influenzino la storia.
- Sperimentate con diversi filtri colorati davanti alla vostra macchina fotografica per modificare e documentare l'effetto estetico del nebula.
- Create un'animazione a partire da più scatti del nebula, per rappresentarne il movimento apparente nel tempo.
- Documentate il cambiamento della visibilità del nebula in relazione alle condizioni atmosferiche come umidità e temperatura.
- Confrontate le vostre osservazioni con quelle di altri osservatori e discutete le diverse percezioni e interpretazioni.
- Progettate un modello tridimensionale del nebula osservato, basato sulle vostre osservazioni e sui dati scientifici disponibili.
- Ricercate le storie mitologiche e i significati che diverse culture associano ai nebula nello spazio.
- Riflettete sull'infinità dello spazio e sulla propria posizione nell'universo, ispirati dall'osservazione del nebula.

3. 3 Analizzare gli ammassi stellari

L'analisi degli ammassi stellari consente di ottenere profonde intuizioni sui processi di sviluppo stellare e sulla dinamica di questi sistemi complessi. Dalla precisa determinazione della posizione delle singole stelle all'analisi della loro luminosità e movimento: sfide come le alte densità stellari e la separazione delle stelle multiple richiedono tecniche e strumenti speciali. Questo capitolo fornisce gli strumenti necessari per decifrare i segreti degli ammassi stellari aperti e globulari, così come dei loro sistemi stellari multipli. Immergiti nel mondo affascinante degli ammassi stellari e amplia la tua comprensione dei mattoni della nostra galassia.

La combinazione di dati astrometrici e fotometrici, integrata da analisi spettroscopiche e osservazioni in diverse gamme di lunghezze d'onda, fornisce una comprensione completa della struttura, formazione e sviluppo degli ammassi stellari.

Mappare gli ammassi stellari

Mappare gli ammassi aperti consente agli astronomi di studiare la loro struttura, origine e sviluppo. Un passo importante consiste nel determinare con precisione la posizione di ciascuna stella all'interno dell'ammasso. Questo avviene attraverso astrometrische_messungen, che registrano le coordinate delle stelle nel cielo. I telescopi e i rivelatori moderni forniscono dati ad alta precisione, che possono determinare le posizioni fino a frazioni di una seconda d'arco. Questi dati costituiscono la base per la creazione di una mappa stellare dell'ammasso. La distribuzione spaziale delle stelle in un ammasso aperto fornisce informazioni preziose sulla sua dinamica. Ad esempio, regioni centrali più dense possono indicare interazioni gravitazionali. L'identificazione di flussi stellari, ovvero stelle che si muovono insieme in una direzione specifica, può fornire indizi su incontri passati con altri ammassi stellari o nubi interstellari. La mappatura consente anche di determinare la dimensione e la forma dell'ammasso. Mentre alcuni ammassi presentano una struttura sferica, altri sono più irregolari. Queste differenze possono essere correlate all'età e alla storia di formazione dell'ammasso. Oltre alla posizione, è rilevante anche la luminosità di ciascuna stella. Attraverso misurazioni fotometriche, si determina la luminosità delle stelle in diverse bande di lunghezza d'onda. Questi dati consentono di creare un diagramma di Hertzsprung-Russell (HRD) per l'ammasso. L'HRD è uno strumento importante per la determinazione dell'età. Gli ammassi giovani contengono molte stelle calde e blu, mentre gli ammassi più vecchi sono principalmente composti da stelle più fredde e rosse. La posizione delle stelle nell'HRD rivela anche qualcosa sulla loro massa e sul loro stadio evolutivo. Combinando dati astrometrici e fotometrici, si può ottenere un quadro completo dell'ammasso. Il movimento delle stelle all'interno dell'ammasso è un altro aspetto importante. Attraverso misurazioni ripetute delle posizioni nel tempo, gli astronomi possono determinare il movimento proprio delle stelle, ovvero il loro apparente movimento nel cielo. Queste informazioni sono fondamentali per comprendere la dinamica interna dell'ammasso. Ad esempio, possono essere identificate stelle che si allontanano dall'ammasso a grande velocità. Queste cosiddette stelle fuggitive potrebbero essere state espulse dall'ammasso a causa di interazioni gravitazionali. L'analisi dei movimenti stellari aiuta anche a determinare la massa totale dell'ammasso. La mappatura degli ammassi aperti non è limitata alla luce visibile. Anche le osservazioni in altre bande di lunghezza d'onda, come l'infrarosso o i raggi X, forniscono informazioni preziose. Le osservazioni infrarosse consentono di scoprire stelle coperte da nubi di polvere. Le osservazioni ai raggi X possono individuare stelle giovani e calde e resti di supernova. La combinazione di dati provenienti da diverse bande di lunghezza d'onda fornisce un quadro più completo dell'ammasso e del suo ambiente. Un consiglio pratico per l'analisi degli ammassi stellari è l'uso di software per l'elaborazione delle immagini e l'analisi dei dati. Programmi come AstroImageJ o SAOImage DS consentono di effettuare misurazioni astrometriche e fotometriche, creare HRD e analizzare il movimento delle stelle. Questi strumenti facilitano notevolmente la mappatura e l'interpretazione dei dati. Ad esempio, è possibile contrassegnare le posizioni delle stelle in un'immagine dell'ammasso ed estrarre le loro coordinate. Il software calcola automaticamente le distanze tra le stelle e crea una mappa dell'ammasso. Analizzando la distribuzione della luminosità in diverse aree dell'ammasso, è possibile trarre conclusioni sulla sua struttura e densità, paragonandole all'analisi degli ammassi di galassie, dove vengono applicati metodi simili per determinare la loro massa e distribuzione di materia oscura. Le informazioni ottenute contribuiscono a comprendere meglio la formazione e lo sviluppo degli ammassi stellari e a inquadrare il loro ruolo nel contesto più ampio dell'evoluzione delle galassie.

Stelle fuggitive [i57]

Analisi degli ammassi aperti

Correlazione tra età e distanza degli ammassi stellari aperti.

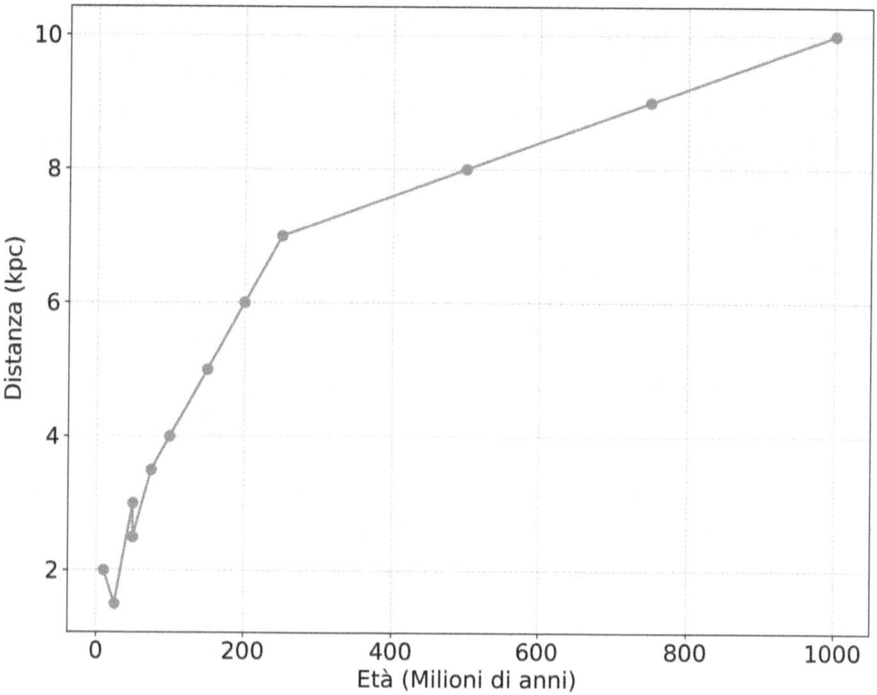

Questo grafico suggerisce una potenziale correlazione tra l'età e la distanza degli ammassi aperti. Gli ammassi più giovani tendono ad essere più vicini al piano galattico, mentre gli ammassi più vecchi si trovano a distanze maggiori. Ciò potrebbe indicare che la formazione stellare è più prevalente in certe regioni della galassia, o che gli ammassi migrano verso l'esterno nel tempo.

Catturare gli Ammassi Globulari

La cattura degli ammassi globulari richiede approcci diversi rispetto all'analisi degli ammassi aperti. La loro alta densità stellare al centro pone requisiti particolari sulla risoluzione degli strumenti utilizzati. Per poter differenziare le singole stelle nella regione centrale, sono indispensabili telescopi ad alta risoluzione e tecniche di imaging speciali, come ottica adattiva. Queste tecniche minimizzano gli effetti delle turbolenze atmosferiche, consentendo immagini più nitide. Così, anche nel centro più denso, le stelle possono essere separate e misurate. La determinazione della posizione delle stelle negli ammassi globulari avviene anche tramite astrometrische_messungen, che, come negli ammassi aperti, forniscono coordinate precise nel cielo. Tuttavia, l'analisi dei dati è più complessa, poiché l'elevato numero di stelle richiede una separazione e identificazione accurata delle singole sorgenti luminose. Le mappe stellari risultanti mostrano la distribuzione spaziale delle stelle e forniscono informazioni sulla struttura dell'ammasso globulare. Spesso si osserva una distribuzione sferica con una crescente densità stellare verso il centro. Queste misurazioni di densità consentono di trarre conclusioni sul campo gravitazionale dell'ammasso e sulla sua massa. L'analisi delle luminosità stellari tramite fotometria fornisce informazioni sulla composizione della popolazione stellare. A differenza degli ammassi aperti, gli ammassi globulari sono per lo più composti da stelle vecchie e a bassa massa. Il diagramma di Hertzsprung-Russell (HRD) di un ammasso globulare si differenzia quindi notevolmente da quello di un ammasso aperto. Mostra un andamento caratteristico con un prominente ramo orizzontale, che indica la presenza di stelle vecchie e sviluppate. Attraverso l'analisi della posizione delle stelle nell'HRD, gli astronomi possono determinare l'età e la metallicità dell'ammasso globulare. La metallicità, la frazione di elementi più pesanti di idrogeno ed elio, fornisce informazioni sullo sviluppo chimico dell'ammasso e del suo ambiente. Il movimento delle stelle negli ammassi globulari è anch'esso un importante oggetto di ricerca. Misurando le velocità radiali, cioè le velocità lungo la linea di vista, e le movimenti propri, i movimenti nel cielo, è possibile studiare la dinamica

interna dell'ammasso. Questi dati consentono di modellare la distribuzione delle masse nell'ammasso e di verificare la presenza di eventuali buchi neri centrali. Alcuni ammassi globulari mostrano segni di rotazione, mentre altri presentano movimenti più casuali. L'analisi di questi schemi di movimento fornisce preziose indicazioni sulla storia di formazione e sviluppo dell'ammasso. L'osservazione degli ammassi globulari in diverse gamme di lunghezze d'onda, dalla luce ultravioletta a quella infrarossa, amplia la comprensione delle loro caratteristiche. Le osservazioni infrarosse, ad esempio, consentono di guardare attraverso le nubi di polvere e di scoprire stelle nascoste nella luce visibile. Le osservazioni ultraviolette possono individuare stelle giovani e calde, che sono più rare negli ammassi globulari, ma forniscono importanti indizi sui processi di formazione stellare più recenti. La combinazione di dati provenienti da diverse gamme di lunghezze d'onda fornisce un quadro più completo dell'ammasso e della sua complessa composizione. Ad esempio, è possibile studiare la distribuzione di diverse popolazioni stellari all'interno dell'ammasso per ricostruire la storia della sua formazione e sviluppo. L'analisi degli spettri delle singole stelle consente di determinare la loro composizione chimica e fornisce ulteriori informazioni sulla storia di formazione dell'ammasso globulare. Combinando tutti questi dati e metodi di analisi, possiamo creare un'immagine dettagliata degli ammassi globulari e comprendere il loro ruolo nel contesto più ampio dello sviluppo delle galassie.

spettro [i58]

Utile sapere

Diagramma di Hertzsprung-Russell (HRD)

Un diagramma che rappresenta la relazione tra la luminosità e la temperatura superficiale delle stelle. Viene utilizzato per studiare l'evoluzione delle stelle e delle popolazioni stellari. Gli ammassi stellari mostrano schemi caratteristici nell'HRD, che forniscono informazioni sulla loro età e composizione.

Movimento proprio

Il movimento apparente di una stella nel cielo, trasversale alla linea di vista. È una misura della velocità con cui una stella si muove rispetto al Sole.

Ottica adattiva

Una tecnica utilizzata in astronomia per ridurre gli effetti delle turbolenze atmosferiche sulla qualità dell'immagine. Consente di ottenere immagini più nitide degli oggetti celesti correggendo in tempo reale le distorsioni causate dall'atmosfera terrestre.

Velocità radiale

La velocità di una stella lungo la linea di vista verso l'osservatore. Viene misurata tramite l'effetto Doppler ed è importante per lo studio del movimento delle stelle negli ammassi e nelle galassie.

Analisi degli ammassi globulari

Dimensioni, densità e distanza degli ammassi globulari.

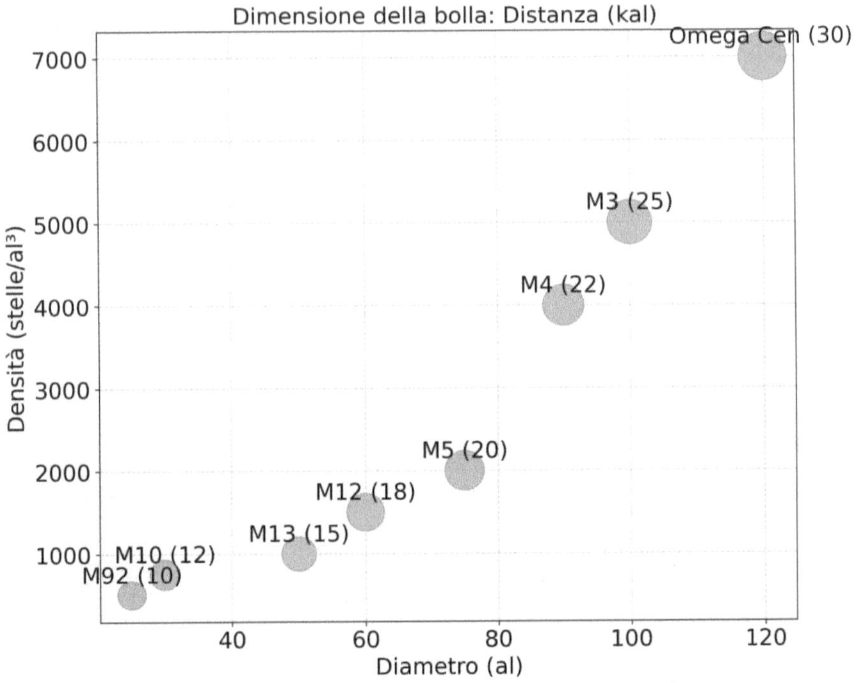

Blasengröße: Distanza (kal)

M10: Messier 10

M12: Messier 12

M13: Messier 13

M3: Messier 3

M4: Messier 4

M5: Messier 5

M92: Messier 92

Omega Cen: Omega Centauri

Questo grafico rivela una correlazione tra le dimensioni e la densità degli ammassi globulari. Gli ammassi più grandi tendono ad essere più densi, suggerendo una maggiore forza gravitazionale. Inoltre, la distanza non sembra influenzare in modo significativo le dimensioni o la densità, indicando che queste proprietà sono intrinseche agli ammassi stessi. Alcune anomalie suggeriscono ulteriori indagini sulla loro formazione o evoluzione unica.

Osservare le Stelle Multiple

L'analisi dei sistemi stellari multipli negli ammassi stellari offre preziose intuizioni sulla formazione e l'evoluzione delle stelle. Tuttavia, l'osservazione di questi sistemi richiede procedure particolari per identificare e caratterizzare i singoli componenti. Un primo passo consiste nell'imaging ad alta risoluzione per separare le singole stelle del sistema multiplo. L'ottica adattativa nei telescopi moderni aiuta a correggere le distorsioni delle immagini causate dall'atmosfera terrestre, migliorando così la risoluzione [s25]. In questo modo, le stelle vicine possono essere differenziate e le loro posizioni relative misurate con precisione. Oltre alla risoluzione spaziale, l'analisi spettrale è fondamentale per identificare le stelle multiple. Esaminando lo spettro luminoso di una stella apparentemente singola, è possibile rilevare sottili spostamenti delle linee spettrali causati dal movimento delle stelle l'una attorno all'altra. Questi spostamenti Doppler forniscono informazioni sulle radialgeschwindigkeiten delle stelle e consentono di determinare le loro orbite. La combinazione di dati astrometrici e spettrali consente una caratterizzazione completa del sistema stellare multiplo, inclusi il numero di componenti, le loro masse e i loro periodi orbitali.

L'analisi delle stelle multiple in diverse bande spettrali, in particolare nell'infrarosso, può fornire ulteriori informazioni. Le osservazioni nell'infrarosso sono particolarmente utili per studiare i sistemi stellari multipli incastonati in dense nubi di polvere, poiché la radiazione infrarossa penetra più facilmente nella polvere rispetto alla luce visibile [s25]. In questo modo, anche in regioni fortemente schermate, è possibile analizzare gli ammassi

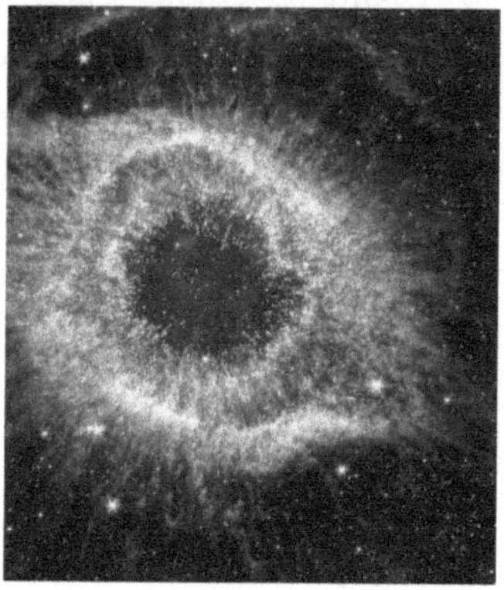

radiazione infrarossa [i59]

stellari e determinare le caratteristiche delle stelle multiple in essi contenute. Le misurazioni di luminosità delle singole componenti di un sistema stellare multiplo in diverse bande spettrali forniscono informazioni sulle loro temperature e luminosità. Questi dati possono essere confrontati con modelli di evoluzione stellare per determinare l'età e le fasi evolutive delle stelle. L'analisi della distribuzione spaziale dei sistemi stellari multipli all'interno di un ammasso stellare può fornire informazioni sulla formazione e l'evoluzione dell'intero ammasso. La frequenza delle stelle multiple in diverse regioni dell'ammasso può fornire indizi sulla dinamica e le interazioni gravitazionali all'interno dell'ammasso. Combinando i dati delle stelle singole e dei sistemi stellari multipli, è possibile creare un quadro dettagliato della popolazione stellare e della sua evoluzione all'interno dell'ammasso stellare. L'analisi delle caratteristiche delle stelle multiple negli ammassi stellari è quindi uno strumento importante per comprendere meglio i complessi processi di formazione stellare e la dinamica degli ammassi stellari. Le conoscenze acquisite contribuiscono a ricostruire l'evoluzione delle galassie nel loro insieme, poiché gli ammassi stellari fungono da mattoni delle galassie e influenzano significativamente la loro evoluzione. Sebbene l'osservazione dei sistemi stellari multipli richieda strumenti e metodi di analisi avanzati, offre al contempo un enorme potenziale per nuove scoperte e una comprensione più profonda dei processi astrofisici nell'universo.

Utile sapere

Imaging ad alta risoluzione

La cattura di immagini con dettagli molto fini per separare oggetti vicini come le stelle in un sistema multiplo.

Modelli di evoluzione stellare

Modelli teorici che descrivono come le stelle cambiano nel tempo, dalla loro formazione fino alla loro morte. Aiutano a determinare l'età e l'evoluzione futura delle stelle.

Osservazioni nell'infrarosso

Osservazioni di oggetti celesti nella banda infrarossa dello spettro luminoso. La luce infrarossa può penetrare nelle nubi di polvere, consentendo l'osservazione di stelle nascoste nella luce visibile.

Analisi spettrale

L'analisi dello spettro luminoso di una stella per ottenere informazioni sulla sua composizione, temperatura e velocità.

Dati spettroscopici

Informazioni ottenute dall'analisi dello spettro luminoso di una stella. Possono essere utilizzate per determinare la velocità radiale e la composizione delle stelle.

Distribuzione dei sistemi stella in un ammasso

Distribuzione dei sistemi stellari per tipo in un ammasso.

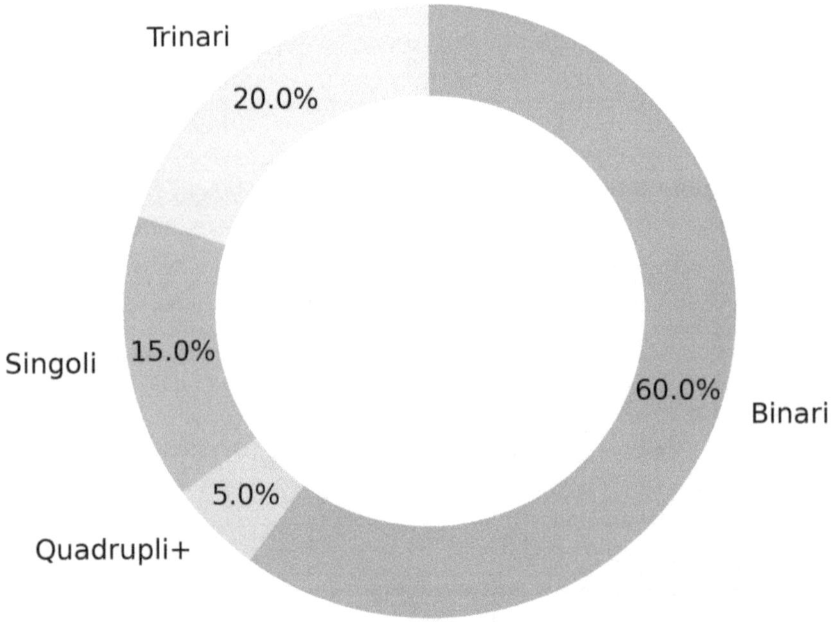

BIN: Sistemi stellari binari

SIN: Sistemi stellari singoli

QUA: Sistemi stellari quadrupli+

TRI: Sistemi stellari trinari

I sistemi binari dominano questo ammasso stellare, indicando un ambiente potenzialmente dinamico e maturo per le interazioni stellari. La presenza significativa di sistemi trinari suggerisce inoltre complesse dinamiche gravitazionali all'interno dell'ammasso. La minore proporzione di sistemi singoli e quadrupli+ potrebbe essere dovuta a pregiudizi osservativi o a processi di formazione ed evoluzione degli ammassi che favoriscono formazioni stellari multiple.

Consigli concreti

- Confronta la densità stellare al centro dell'ammasso con quella ai bordi, per ottenere indizi sul suo sviluppo.
- Cerca anomalie nella distribuzione della luminosità delle stelle, che potrebbero indicare sviluppi stellari insoliti.
- Simula il movimento delle stelle nell'ammasso per prevedere il suo sviluppo futuro.
- Crea una mappa tridimensionale dell'ammasso stellare per comprendere meglio la sua struttura spaziale.
- Confronta le caratteristiche di diversi ammassi stellari per identificare somiglianze e differenze.
- Esamina l'ambiente dell'ammasso per cercare nubi di gas e polvere che potrebbero aver influenzato la sua formazione.
- Cerca flussi stellari che si originano dall'ammasso e rivelano la sua storia.
- Analizza i colori delle stelle nell'ammasso per determinare la loro temperatura e composizione.
- Determina l'età dell'ammasso stellare in base alla distribuzione delle stelle nel diagramma di Hertzsprung-Russell.
- Verifica se l'ammasso stellare fa parte di una struttura più grande, come un gruppo di galassie.
- Ricerca pubblicazioni scientifiche sull'ammasso stellare per ampliare le tue conoscenze.
- Sviluppa domande personali sull'ammasso stellare e cerca di rispondere utilizzando le tue osservazioni.
- Condividi i tuoi risultati e le tue scoperte con altri astronomi amatoriali.

Revisione - 3. Spazio profondo

Lo sguardo nelle profondità dell'universo ha sempre affascinato e apre a noi, astronomi amatoriali, un campo quasi infinito di possibilità di osservazione. Dalla nostra galassia di origine, la Via Lattea, a lontani ammassi di galassie, ci sono una moltitudine di oggetti da scoprire. Tuttavia, proprio la vastità dell'universo può intimidire. Come orientarsi in questo oceano cosmico? Questo testo offre raccomandazioni pratiche che vi aiuteranno a pianificare, eseguire e documentare le vostre osservazioni nello spazio profondo.

Un aspetto importante è la scelta dell'attrezzatura giusta. Mentre un binocolo consente già un primo sguardo su ammassi stellari e nebulose più luminose, un telescopio con apertura maggiore offre la possibilità di riconoscere dettagli più fini, come i bracci a spirale delle galassie o la stella centrale di una nebulosa planetaria. Anche l'uso di filtri può migliorare notevolmente l'osservazione di determinati oggetti, come le nebulose a emissione, filtrando le lunghezze d'onda specifiche della luce e aumentando il contrasto. Quando scegliete la vostra attrezzatura, considerate anche la documentazione delle vostre osservazioni. Schizzi al telescopio affinano la vostra capacità di osservazione, mentre l'astrofotografia consente di ottenere immagini impressionanti. In questo caso, una camera astrofotografica refrigerata e un tracciamento preciso del telescopio sono vantaggiosi.

La scelta del luogo di osservazione gioca un ruolo cruciale. Per catturare al meglio gli oggetti deboli dello spazio profondo, dovreste scegliere una posizione il più buia possibile, lontana dall'inquinamento luminoso urbano. Fate attenzione a un basso valore Bortle e considerate le condizioni atmosferiche. Aria calma e notti chiare e senza luna offrono le migliori condizioni per osservazioni di successo. Pianificate attentamente le vostre osservazioni e utilizzate carte stellari, software planetario e risorse online per localizzare i vostri oggetti target e determinare il momento ottimale per l'osservazione. Tenete conto della declinazione dell'oggetto e della stagione.

Le sfide nell'osservazione degli oggetti del cielo profondo risiedono spesso nella loro debole luminosità e nella loro apparente vicinanza ad altri oggetti celesti. Soprattutto nella ricerca di nebulose planetarie o ammassi di galassie vicino al piano galattico, sono richiesti pazienza e un approccio sistematico. Utilizzate gli strumenti a vostra disposizione, come cataloghi speciali e database, per ricercare la posizione e le caratteristiche dei vostri oggetti target. Affinate la vostra strategia di ricerca combinando osservazioni ottiche e radio e utilizzate software per l'elaborazione delle immagini e l'analisi dei dati per documentare e interpretare le vostre osservazioni. Ad esempio, potreste analizzare la distribuzione della luminosità negli ammassi stellari o studiare il movimento delle stelle in sistemi stellari multipli.

Lo spazio profondo offre una miriade di oggetti affascinanti che aspettano di essere scoperti da voi. Con l'attrezzatura giusta, una buona pianificazione e un po' di pazienza, anche voi potrete esplorare i segreti dell'universo e fare le vostre scoperte astronomiche. Non lasciatevi scoraggiare dalle sfide, ma utilizzatele come stimolo per ampliare le vostre capacità e conoscenze. La ricompensa è una comprensione più profonda del cosmo e la gioia della propria esplorazione dell'universo.

4. Fenomeni astrofisici

Cosa succede quando la materia cade in un buco nero? Le immense forze nell'universo plasmano spazio e tempo secondo leggi che superano la nostra comprensione quotidiana. Dai particelle microscopiche alle più grandi strutture conosciute, principi fondamentali agiscono, che solo la moderna astronomia ha cominciato a decifrare. Nelle pagine seguenti esploreremo questi fenomeni attraverso risultati di ricerca attuali e osservazioni precise. Il viaggio ci porterà ai più affascinanti enigmi del cosmo, la cui soluzione potrebbe rivoluzionare la nostra comprensione dell'universo.

4. 1 Capire lo spazio-tempo

La gravitazione plasma fondamentalmente l'universo. Per comprendere fenomeni astrofisici come le orbite dei pianeti, le lenti gravitazionali o i buchi neri, è necessario il concetto di spaziotempo. Questo capitolo tratta l'osservazione degli effetti gravitazionali e le sfide ad essi associate, come la rilevazione di oggetti invisibili o la spiegazione della distribuzione della materia osservata. Immergiti nel mondo affascinante dello spaziotempo e amplia la tua comprensione del cosmo.

Lo spaziotempo non è uno sfondo statico, ma un tessuto dinamico plasmato e influenzato da massa ed energia, che si manifesta in fenomeni osservabili come le orbite planetarie, le lenti gravitazionali, il redshift e le forze di marea.

Osservare gli effetti gravitazionali

La gravità modella l'universo e influisce sul movimento di tutti gli oggetti, dai pianeti alla luce. Questi effetti possono essere osservati in vari modi. Le orbite curve dei pianeti attorno alle stelle sono un risultato diretto della gravità. I pianeti sono attratti dalla forza di gravità della stella e si muovono in un ellisse attorno ad essa. Anche la luna orbita attorno alla Terra a causa della gravità. La sua orbita è anch'essa un'ellisse, modellata dall'attrazione della Terra.

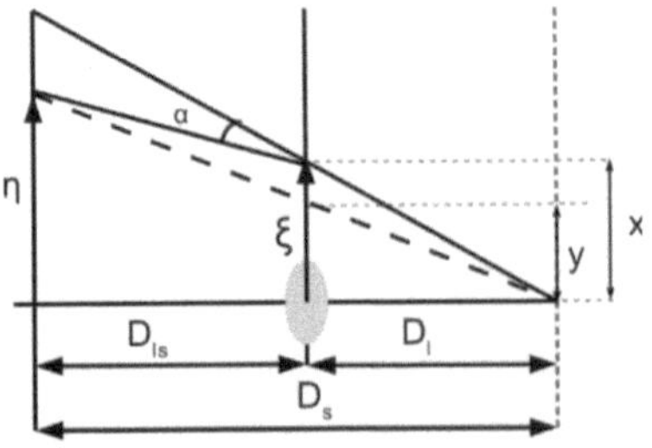

effetto lente gravitazionale [i60]

Buco Nero [i61]

Un altro effetto osservabile è l'effetto lente gravitazionale. La massa curva lo spaziotempo e la luce che attraversa questo spaziotempo curvo viene deviata. Gli ammassi di galassie, con la loro enorme massa, possono piegare e amplificare la luce di oggetti situati dietro di essi, rendendo questi oggetti distorti o addirittura visibili più volte. Gli astronomi utilizzano questo effetto per studiare galassie lontane. Anche il redshift gravitazionale della luce è misurabile. La luce perde energia quando sfugge a un forte campo gravitazionale. Questa perdita di energia porta a uno spostamento della lunghezza d'onda della luce verso il rosso, un fenomeno noto come redshift gravitazionale. Questo effetto è stato confermato sperimentalmente ed è un'ulteriore prova della validità della allgemeinen_relativitaetstheorie. Le forze di marea sono anch'esse una conseguenza della gravità. Esse sorgono dalla differenza della forza di gravità in diversi punti di un oggetto. L'attrazione della luna è più forte sul lato della Terra rivolto verso di essa rispetto al lato opposto. Questa differenza porta alle maree, l'innalzamento e l'abbassamento periodico del livello del mare. Anche il sole influisce sulle maree, sebbene in misura minore. I buchi neri sono oggetti di densità estrema, la cui gravità è così forte che nemmeno la luce può sfuggire. Anche se non sono direttamente visibili, gli astronomi possono dimostrare la loro esistenza osservando i loro effetti sull'ambiente circostante. La materia che cade in un buco nero diventa estremamente calda ed emette raggi X prima di superare l'orizzonte degli eventi. Anche il movimento delle stelle attorno a un centro massiccio invisibile indica la presenza di un buco nero. Le onde gravitazionali, piccole increspature nello spaziotempo, si generano attraverso l'accelerazione delle masse. Queste onde sono state rilevate direttamente per la prima volta nel 2015 e aprono una nuova finestra per l'osservazione dell'universo. La fusione di due buchi neri o stelle di neutroni genera onde gravitazionali particolarmente forti, che possono essere misurate con speciali rivelatori sulla Terra. Analizzando queste onde, gli scienziati possono apprendere di più sulle caratteristiche di questi oggetti estremi e sulla formazione dell'universo. Un astronomo dilettante può non rilevare direttamente le onde gravitazionali, ma può analizzare i dati pubblicamente disponibili degli osservatori di onde gravitazionali e partecipare così alla ricerca di questi affascinanti fenomeni. L'espansione dell'universo è anch'essa un effetto della gravità – o meglio, della sua interazione con l'energia oscura. La forza di gravità si oppone all'espansione, mentre l'energia oscura la accelera. L'osservazione del redshift delle galassie lontane fornisce indizi sulla velocità di espansione dell'universo e sul rapporto tra gravità ed energia oscura. La misurazione della accelerazione di gravità sulla Terra è un modo semplice per osservare la gravità. Con un pendolo è possibile determinare l'accelerazione di gravità con una certa precisione. La durata dell'oscillazione di un pendolo dipende dalla lunghezza del pendolo e dall'accelerazione di gravità locale. Misurando la durata dell'oscillazione e la lunghezza del pendolo, è possibile

calcolare l'accelerazione di gravità. Questa semplice misurazione dimostra l'effetto della forza di attrazione terrestre.

Stella di neutroni [i62]

Utile sapere

Accelerazione di gravità

L'accelerazione di gravità è l'accelerazione che un oggetto subisce quando è in caduta libera sotto l'influenza della gravità. Sulla Terra è di circa 9,81 metri al secondo quadrato.

Effetto lente gravitazionale

L'effetto lente gravitazionale è un fenomeno in cui la luce di oggetti lontani viene piegata e amplificata dalla gravità di oggetti massicci, come gli ammassi di galassie. Questo porta a immagini distorte o multiple degli oggetti lontani e consente agli astronomi di vedere oggetti che altrimenti sarebbero troppo deboli.

Onde gravitazionali

Le onde gravitazionali sono piccole onde nello spaziotempo generate dall'accelerazione delle masse, come ad esempio durante la collisione di buchi neri. Si propagano alla velocità della luce e possono essere misurate con rivelatori speciali.

Orizzonte degli eventi

L'orizzonte degli eventi di un buco nero è il confine oltre il quale la gravità è così forte che nulla può più sfuggire. Tutto ciò che supera l'orizzonte degli eventi è intrappolato per sempre nel buco nero.

Forza gravitazionale vs. Distanza

Illustra la legge dell'inverso del quadrato della gravità.

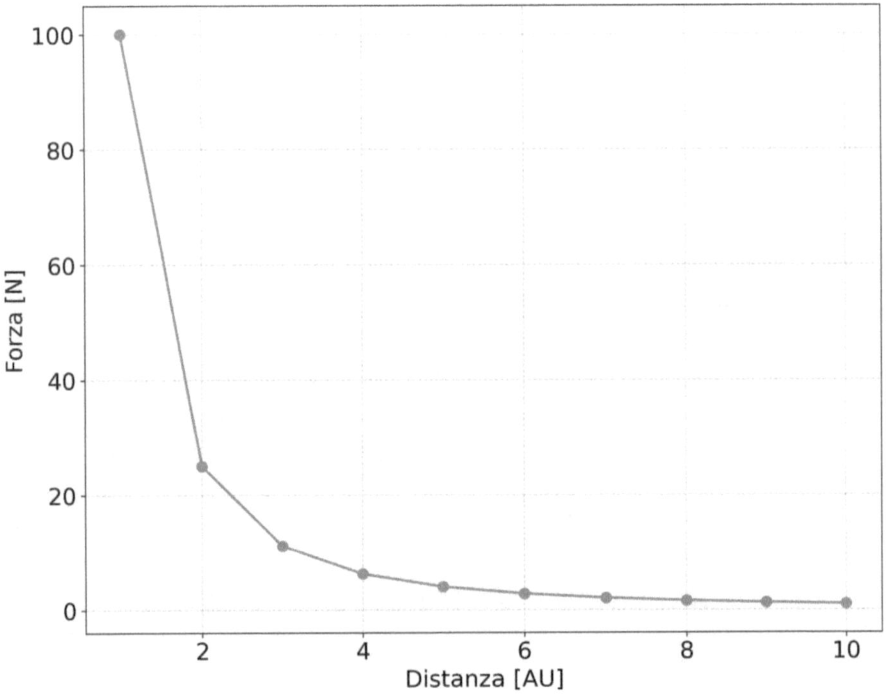

Il grafico dimostra che la forza gravitazionale si indebolisce rapidamente con l'aumentare della distanza. Una piccola variazione di distanza vicino alla sorgente gravitazionale ha un impatto molto maggiore sulla forza rispetto alla stessa variazione più lontana. Questo spiega perché le orbite planetarie sono stabili, con la gravità che esercita una forza maggiore quando è più vicina alla stella.

Dimostrare i buchi neri

La dimostrazione dell'esistenza dei buchi neri si presenta complessa a causa della loro natura di oggetti da cui né luce né materia possono sfuggire. Gli astronomi ricorrono quindi a metodi indiretti che sfruttano gli effetti dell'immensa gravità di questi oggetti. Un metodo centrale è l'osservazione del movimento delle stelle nelle vicinanze di presunti buchi neri. Le stelle orbitano attorno a un centro invisibile ma massiccio – come un buco nero – su orbite caratteristiche. Le velocità e i periodi orbitali di queste stelle forniscono indizi sulla massa dell'oggetto centrale. Se questa massa supera un certo valore, un buco nero è la spiegazione più plausibile. L'analisi delle orbite stellari al centro della nostra Via Lattea ha fornito, ad esempio, forti indizi per un buco nero supermassiccio chiamato Sagittarius A*.
Un altro approccio è la rilevazione di roentgenstrahlung. Quando la materia cade in un buco nero, si forma un disco di accrescimento, in cui la materia viene riscaldata estremamente per attrito. Questa materia calda emette intensi raggi X, misurabili con telescopi speciali. L'intensità e la variabilità caratteristiche di queste emissioni di raggi X servono come importanti indicatori della presenza di un buco nero. Combinando le osservazioni dei raggi X con dati di altre lunghezze d'onda, tra cui le onde radio, gli astronomi ottengono un quadro più completo dei processi nell'ambiente del buco nero. Anche gli effetti di lente gravitazionale possono essere utilizzati per dimostrare l'esistenza di buchi neri. L'enorme gravità di un buco nero deforma lo spaziotempo circostante in modo così forte da agire come una lente, deviano e amplificando la luce degli oggetti dietro di esso. Questo effetto può far apparire stelle o galassie lontane distorte o addirittura multiple. L'analisi precisa di queste distorsioni consente di stimare la massa del buco nero. Infine, le gravitationswellen, piccole distorsioni dello spaziotempo generate dall'accelerazione di oggetti massicci, offrono un ulteriore modo per dimostrare l'esistenza di buchi neri. La fusione di due buchi

neri genera onde gravitazionali particolarmente forti, che possono essere registrate dai rivelatori sulla Terra. L'analisi della forma e della frequenza delle onde rivela informazioni sulle masse e le velocità di rotazione dei buchi neri coinvolti. Gli interessati possono analizzare autonomamente i dati di misurazione degli osservatori di onde gravitazionali, resi accessibili al pubblico, partecipando così alla ricerca di questi fenomeni. In questo modo, è possibile derivare, tra l'altro, la massa dei buchi neri dai dati e confrontarla con le previsioni della allgemeinen_relativitaetstheorie.

disco di accrescimento [i63]

Rilevamento di buchi neri

Correlazione tra massa, dimensione e attività dei buchi neri.

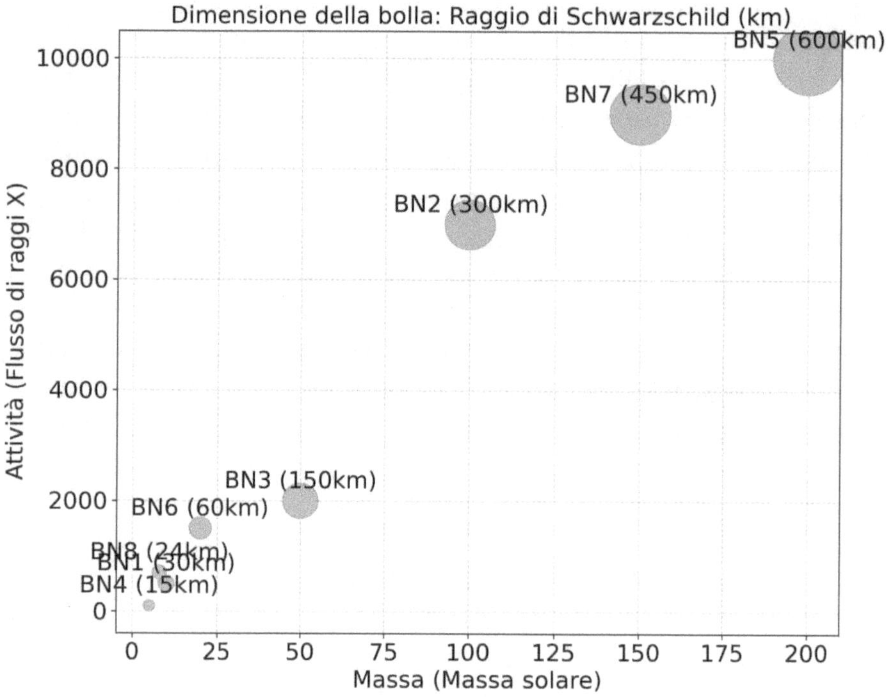

Blasengröße: Raggio di Schwarzschild (km)

BN1: Buco nero 1	BN2: Buco nero 2
BN3: Buco nero 3	BN4: Buco nero 4
BN5: Buco nero 5	BN6: Buco nero 6
BN7: Buco nero 7	BN8: Buco nero 8

I buchi neri più grandi tendono a mostrare livelli di attività più elevati. Mentre alcuni buchi neri più piccoli mostrano anche un'elevata attività, c'è una chiara tendenza che suggerisce una correlazione positiva tra massa e attività. Le dimensioni del buco nero sembrano direttamente proporzionali alla sua massa, come previsto.

Analizzare la distribuzione della materia

L'analisi della distribuzione della materia nell'universo è fondamentale per comprendere la sua struttura e evoluzione. Gli astronomi utilizzano diversi metodi per mappare la distribuzione della materia visibile e oscura. La distribuzione della materia visibile, come stelle e galassie, viene determinata attraverso osservazioni telescopiche in diverse lunghezze d'onda. Misurando le posizioni e le velocità delle galassie, gli scienziati possono ricostruire la struttura su larga scala dell'universo, composta da filamenti, ammassi di galassie e superammassi. L'analisi della distribuzione degli ammassi di galassie consente di trarre conclusioni sulla distribuzione sottostante della materia oscura, poiché questa influisce in modo significativo sulle strutture dell'universo. L'effetto lente gravitazionale, la deviazione della luce da parte di oggetti massicci, funge anche da strumento per mappare la distribuzione della materia, poiché l'intensità della deviazione dipende dalla massa dell'oggetto che devia. In questo modo, anche strutture invisibili come la materia oscura possono essere rese visibili attraverso il loro influsso gravitazionale sulla luce. Una visione alternativa mette in discussione la necessità di materia oscura ed energia oscura nel modello ΛCDM e cerca spiegazioni per le anomalie osservate nella distribuzione della materia attraverso modifiche alla teoria della gravitazione [s26]. Combinando diversi metodi di misurazione e modelli teorici, i ricercatori cercano di ottenere un'immagine più completa della distribuzione della materia nell'universo e di decifrare le forze che guidano la sua evoluzione. Come in un puzzle, in cui i singoli pezzi rappresentano la distribuzione della materia, gli scienziati cercano di assemblare l'immagine complessiva dell'universo e ricostruirne la storia.

Utile sapere

Ammassi di galassie

Raggruppamenti di centinaia a migliaia di galassie legate tra loro dalla gravità.

Effetto lente gravitazionale

La deviazione della luce da parte della gravità di oggetti massicci, che agisce come una lente e amplifica e distorce la luce di oggetti sullo sfondo.

Filamenti

Strutture filamentose di galassie e ammassi di galassie che formano la rete cosmica e rappresentano le più grandi strutture conosciute nell'universo.

Teoria della gravitazione

Una teoria che descrive l'attrazione tra masse. La più nota è la teoria della relatività generale di Albert Einstein.

Distribuzione della Materia nell'Universo

Composizione della densità di energia dell'universo.

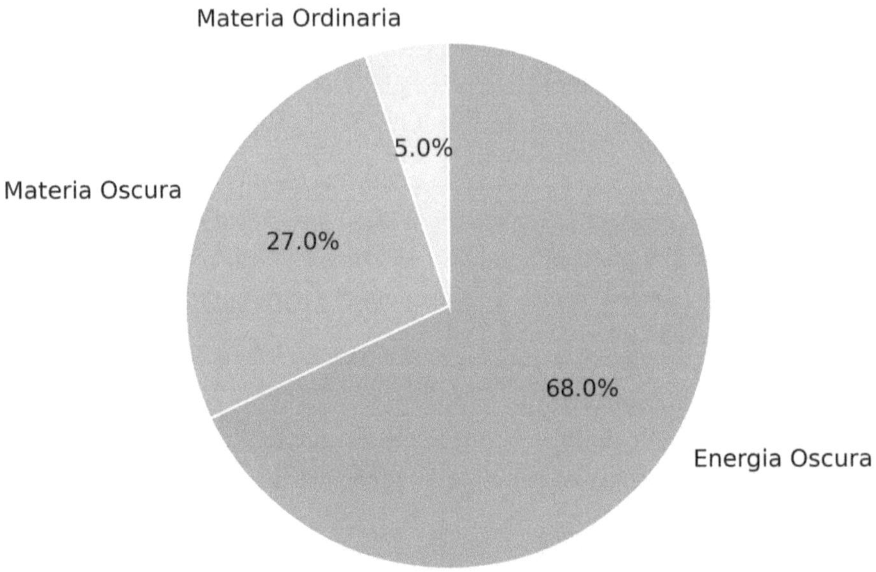

- EO: Energia Oscura
- MO: Materia Oscura
- MOR: Materia Ordinaria

La maggior parte del contenuto dell'universo non è materia visibile come stelle e galassie. L'energia oscura costituisce la porzione più grande, guidando l'espansione accelerata dell'universo. La materia oscura, sebbene invisibile, esercita un'influenza gravitazionale e costituisce una porzione significativa. La materia ordinaria, tutto ciò che possiamo vedere e con cui interagire, rappresenta solo una piccola frazione dell'inventario cosmico totale.

Consigli concreti

- Immaginate lo spaziotempo come un tessuto teso e posizionate su di esso sfere di diverso peso. Osservate come le sfere deformano il tessuto.
- Illustrare lo spaziotempo curvo attorno a un buco nero utilizzando un imbuto e osservare come le biglie scompaiono a spirale al suo interno.
- Utilizzate un elastico e due pesi di dimensioni diverse per visualizzare il redshift gravitazionale: il peso più pesante allunga di più l'elastico, simboleggiando l'allungamento della lunghezza d'onda della luce.
- Costruite un modello di un sistema binario con oggetti di peso diverso e osservate il loro movimento attorno al centro di massa comune, per comprendere gli effetti della gravità sulle orbite stellari.
- Simulate l'effetto delle lenti gravitazionali tenendo una sfera di vetro davanti a una fonte di luce e osservate la distorsione della luce.
- Ricercate la storia della scoperta delle onde gravitazionali e create una timeline dei principali traguardi.
- Seguite i risultati attuali della ricerca sulle onde gravitazionali e cercate di cogliere il significato delle ultime scoperte per la comprensione dello spaziotempo.
- Discutete con altri sulle implicazioni filosofiche della curvatura dello spaziotempo e sui limiti della nostra comprensione dell'universo.
- Sviluppate una vostra analogia per spiegare in modo comprensibile i concetti complessi dello spaziotempo e dei fenomeni astrofisici.
- Create un progetto artistico che esprima la vostra interpretazione dello spaziotempo e dei fenomeni astrofisici.

4. 2 Radiazioni cosmiche

La radiazione cosmica, particelle ad alta energia provenienti dallo spazio, presenta sfide per l'astronomia e offre al contempo intuizioni uniche sull'universo. La localizzazione delle loro fonti richiede metodi sofisticati come i telescopi Cherenkov, che rilevano la luce Cherenkov generata dall'interazione delle particelle con l'atmosfera terrestre. Allo stesso tempo, la radiazione cosmica di fondo influisce sulle misurazioni e deve essere considerata nell'analisi. La misurazione dei flussi di particelle e della loro distribuzione energetica fornisce ulteriori informazioni sull'origine e sui processi fisici che generano questa radiazione. Immergiti nel mondo affascinante della radiazione cosmica e scopri i segreti della sua origine e diffusione.

La conoscenza precisa della radiazione di fondo è fondamentale per determinare le vere caratteristiche delle sorgenti di radiazione extragalattica, poiché essa influisce sulla visibilità di queste sorgenti come una nebbia cosmica.

Localizzare le Fonti di Radiazione

La localizzazione delle fonti di radiazione nell'universo è un compito complesso che richiede diversi metodi, a seconda del tipo di radiazione e della distanza della fonte. Nella ricerca di fonti di radiazione ad alta energia, come ad esempio le fonti di radiazione cosmica, i telescopi Cherenkov giocano un ruolo cruciale. Questi telescopi non rilevano la radiazione stessa, ma la cosiddetta luce Cherenkov, che si genera quando particelle ad alta energia provenienti dallo spazio interagiscono con l'atmosfera terrestre alla velocità della luce. La direzione e l'intensità di questa luce permettono di dedurre l'origine delle particelle originali. [s27]

luce Cherenkov [i64]

Un fattore importante nella localizzazione delle fonti di radiazione extragalattiche è la considerazione della radiazione di fondo. Questa radiazione, prevalentemente nell'intervallo ottico e infrarosso, influisce sulla propagazione dei fotoni ad alta energia. Come le nebbie ostacolano la visibilità di oggetti lontani, così la radiazione di fondo può assorbire i fotoni ad alta energia nel loro cammino verso la Terra. Questo effetto è noto come opacità e deve essere considerato nell'analisi dei dati spettrali per determinare correttamente la vera energia e l'origine della radiazione. [s27] Pertanto, una fonte potrebbe apparire più debole di quanto non sia in realtà, poiché parte della sua radiazione è andata persa nel tragitto verso di noi. La conoscenza della radiazione di fondo consente di correggere questo effetto e ricostruire la reale luminosità della fonte. L'analisi della radiazione di fondo stessa fornisce anche informazioni preziose sulla struttura dell'universo. Studi hanno dimostrato che la radiazione di fondo osservata proviene essenzialmente da galassie già conosciute. [s27] Ciò significa che finora non ci sono indicazioni di quantità significative di radiazione di fondo diffusa proveniente da fonti sconosciute. Questa scoperta semplifica la ricerca e la localizzazione di fonti di radiazione ad alta energia, poiché gli effetti della radiazione di fondo sulla propagazione della radiazione possono essere modellati e corretti meglio. La conoscenza precisa della radiazione di fondo è quindi importante non solo per la localizzazione di singole fonti, ma anche per la comprensione della struttura su larga scala dell'universo e della distribuzione delle galassie. Combinando osservazioni con telescopi Cherenkov e l'analisi della radiazione di fondo, gli astronomi possono determinare sempre più precisamente la posizione e le caratteristiche delle fonti di radiazione extragalattiche, creando così un quadro più completo dell'universo ad alta energia. La correzione degli effetti di opacità consente di ricostruire gli spettri intrinseci delle fonti e quindi di comprendere meglio le loro proprietà fisiche. Come in una foto sfocata che viene messa a fuoco tramite un software, gli astronomi possono così ottenere un'immagine più chiara delle lontane fonti di radiazione.

radiazione di fondo [i65]

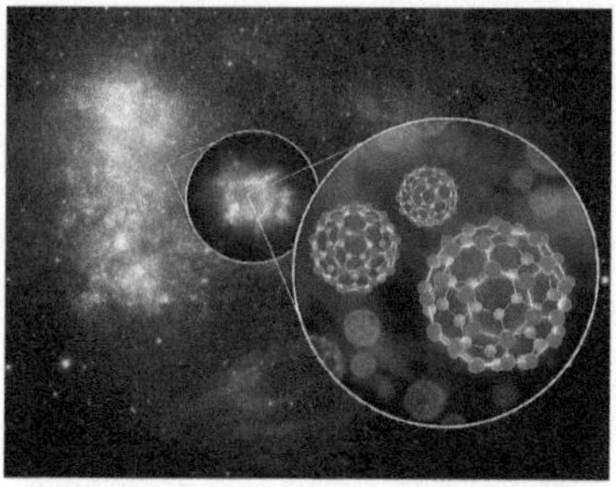

Sorgente di radiazione extragalattica [i66]

Dati spettrali

Informazioni sull'intensità della radiazione a diverse lunghezze d'onda (colori), che forniscono indicazioni sulla composizione e le proprietà della fonte di radiazione.

Extragalattico

Si riferisce a oggetti o fenomeni che si trovano al di fuori della nostra galassia, la Via Lattea.

Luce Cherenkov

Un bagliore bluastro che si genera quando particelle cariche si muovono più velocemente della luce in un mezzo (ad es. l'atmosfera terrestre). Viene utilizzato per determinare la direzione e l'energia delle particelle ad alta energia dallo spazio.

Radiazione di fondo

La radiazione onnipresente nell'universo, proveniente da diverse fonti e che può influenzare l'osservazione di oggetti lontani.

Intrinseco

Si riferisce alle vere, inalterate proprietà di un oggetto, in contrapposizione alle proprietà osservate, che possono essere alterate da influenze esterne.

Telescopio Cherenkov

Un telescopio speciale che rileva la luce Cherenkov per osservare indirettamente particelle ad alta energia dallo spazio e determinarne l'origine.

Confronto dell'Intensità dei Raggi Cosmici

Intensità relativa di varie sorgenti di raggi cosmici

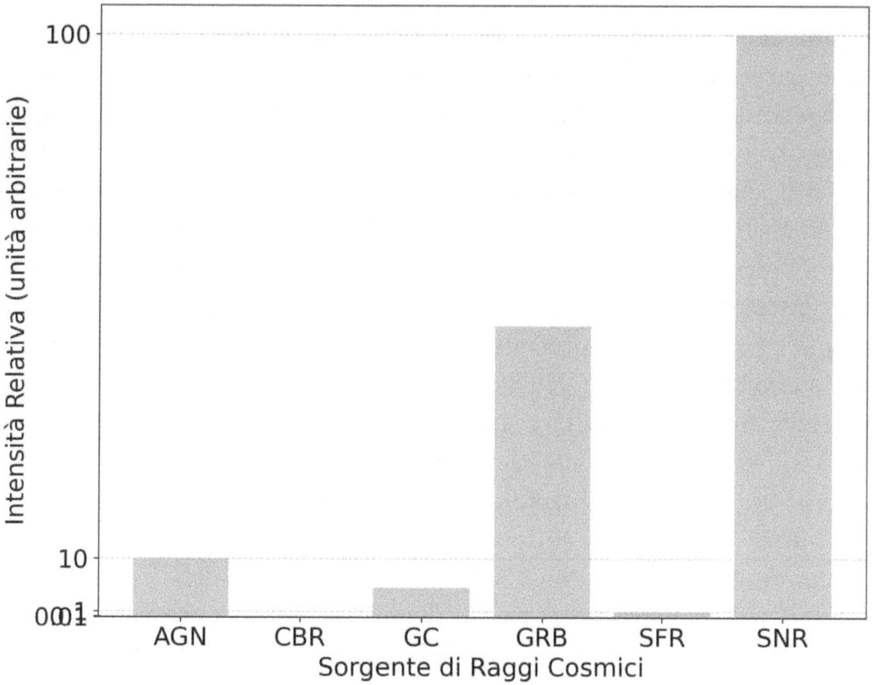

AGN: Nuclei Galattici Attivi

CBR: Radiazione Cosmica di Fondo

GC: Centro Galattico

GRB: Lampi di Raggi Gamma

SFR: Brillamenti Solari

SNR: Resti di Supernova

Il grafico evidenzia la differenza significativa nell'intensità dei raggi cosmici provenienti da varie sorgenti. I resti di supernova si dimostrano la sorgente più intensa tra quelle elencate, mentre i brillamenti solari, sebbene potenti, contribuiscono con una quantità relativamente minore. La radiazione di fondo diffusa rappresenta un bombardamento costante, ma meno intenso, di raggi cosmici.

Riconoscere i modelli energetici

Il riconoscimento dei modelli energetici nella radiazione cosmica fornisce preziose intuizioni sui processi nell'universo. L'analisi della distribuzione dell'energia – cioè quale rapporto di particelle di quale energia si presenta – consente di trarre conclusioni sulla natura della sorgente e sui meccanismi che portano all'accelerazione delle particelle. Ad esempio, le esplosioni di supernova mostrano spettri energetici caratteristici che si differenziano da quelli dei nuclei galattici attivi. L'energia della radiazione cosmica si estende su un intervallo enormemente ampio, dall'area delle onde radio fino a energie estremamente elevate, milioni di volte superiori a quelle raggiungibili nei collider di particelle terrestri. Questa distribuzione non è uniforme, ma presenta strutture specifiche che indicano diversi meccanismi di origine. Un aspetto importante è l'identificazione di picchi o accumuli in determinate aree energetiche. Questi possono indicare la presenza di specifici tipi di particelle o processi risonanti durante l'accelerazione. Proprio come un'impronta digitale, questi modelli energetici possono essere utilizzati per identificare e classificare diverse sorgenti di radiazione cosmica. La misurazione precisa di questi modelli richiede rivelatori ad alta sensibilità e sofisticati metodi di analisi. Combinando i dati di diversi telescopi e rivelatori, è possibile ottenere un'immagine più completa della distribuzione dell'energia. Il cambiamento temporale dei modelli energetici è anch'esso di grande importanza. Ad esempio, improvvisi scoppi di radiazione gamma possono essere accompagnati da distribuzioni energetiche caratteristiche che indicano la formazione di un buco nero o un blitz gamma. Il monitoraggio continuo dello spettro energetico consente di identificare eventi transitori e di studiarne le caratteristiche. Analizzando l'evoluzione temporale della distribuzione dell'energia, si possono trarre conclusioni sulla dinamica dei processi sottostanti. L'interazione della radiazione cosmica con gas e polvere interstellari influisce anch'essa sui modelli energetici osservati. Particelle ad alta energia possono perdere energia attraversando il mezzo interstellare, portando a una modifica dello spettro. Questo effetto deve essere considerato nell'interpretazione dei dati per ricostruire le proprietà originali della radiazione. Così, l'attenuazione della radiazione in determinate aree energetiche può fornire informazioni sulla densità e composizione del mezzo interstellare. L'indagine dei modelli energetici della radiazione cosmica è quindi rilevante non solo per comprendere le sorgenti stesse, ma anche per esplorare lo spazio interstellare e intergalattico. Lo sviluppo di nuovi metodi di rilevamento e procedure di analisi gioca un ruolo cruciale nel progresso di questo campo di ricerca. Un miglioramento nella risoluzione energetica e aree di rilevamento più ampie consentono di identificare strutture sempre più sottili nello spettro energetico e di determinare le proprietà della radiazione cosmica con maggiore precisione. Pertanto, l'esplorazione dei modelli energetici della radiazione cosmica contribuisce a una migliore comprensione dei processi fondamentali nell'universo e a nuove intuizioni sulla formazione e l'evoluzione di stelle, galassie e altri oggetti cosmici. L'analisi della distribuzione angolare della radiazione in arrivo, combinata con le informazioni energetiche, consente di identificare strutture anisotrope, cioè direzioni da cui proviene una maggiore radiazione di determinate energie. Queste anisotropie possono fornire indizi su sorgenti vicine o sulla struttura del campo magnetico galattico, che influisce sulle traiettorie delle particelle cariche. Mappando queste anisotropie, è possibile creare un'immagine tridimensionale della distribuzione della radiazione cosmica nello spazio.

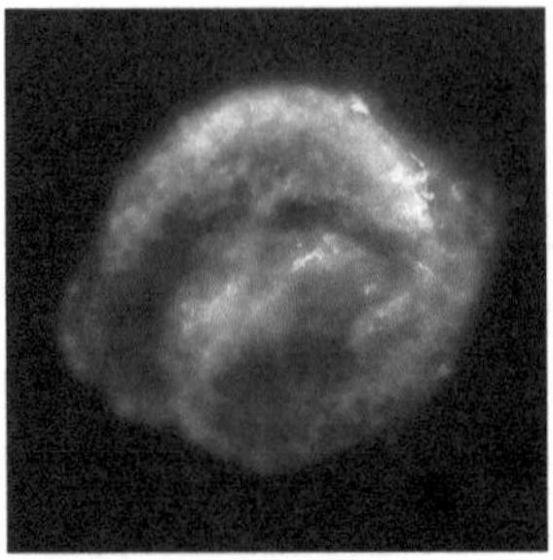

Supernova [i67]

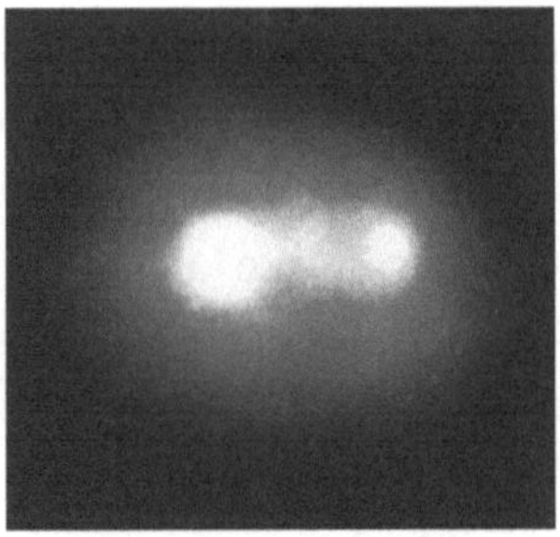

Nucleo galattico attivo [i68]

Utile sapere

Campo magnetico galattico

Il campo magnetico galattico è un campo magnetico che permea l'intera galassia. Influenza il movimento delle particelle cariche della radiazione cosmica.

Supernova

Una supernova è l'esplosione di una stella alla fine della sua vita. Viene rilasciata una quantità enorme di energia e le particelle vengono accelerate a velocità elevate, contribuendo alla radiazione cosmica.

Spazio intergalattico

Lo spazio intergalattico è lo spazio tra le galassie. È notevolmente più vuoto del mezzo interstellare, ma contiene comunque piccole quantità di gas e polvere. Anche qui, la radiazione cosmica può interagire con la materia.

Mezzo interstellare

Il mezzo interstellare è lo spazio tra le stelle in una galassia. È composto da gas e polvere. La radiazione cosmica interagisce con questo mezzo, influenzando la sua distribuzione energetica.

Nucleo galattico attivo

Un nucleo galattico attivo è un centro estremamente energetico di una galassia, alimentato da un buco nero supermassiccio. Questi nuclei possono emettere potenti getti che accelerano particelle e contribuiscono alla radiazione cosmica.

Intensità della radiazione cosmica

Confronto dell'intensità di diverse radiazioni cosmiche.

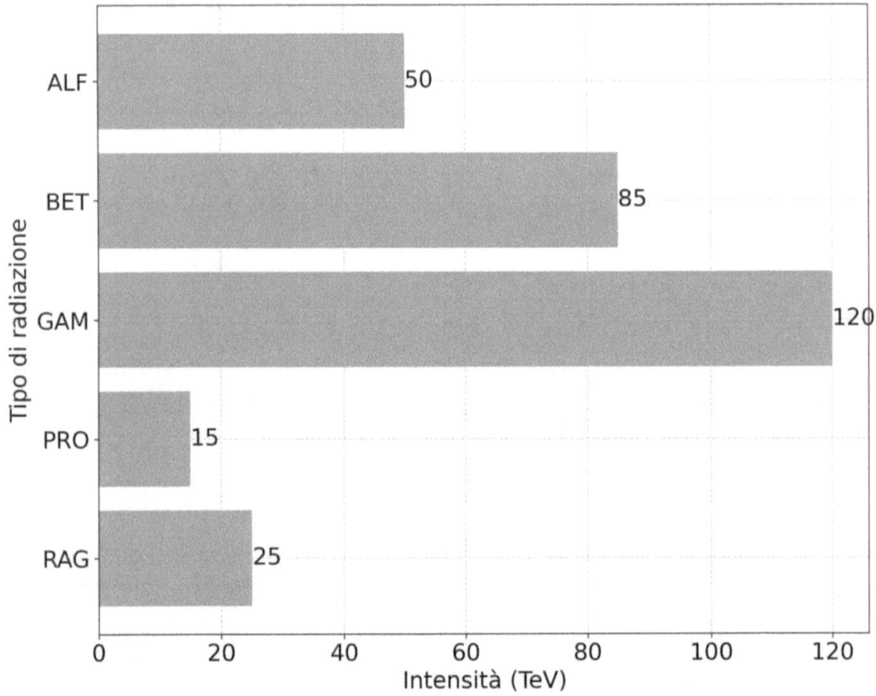

ALF: Radiazione Alfa

BET: Radiazione Beta

GAM: Raggi Gamma

PRO: Protoni

RAG: Raggi X

L'istogramma orizzontale visualizza le diverse intensità di vari tipi di radiazioni cosmiche. I raggi gamma ad alta energia mostrano la più alta intensità, seguiti dai protoni. Le radiazioni alfa e beta mostrano intensità significativamente inferiori. Ciò illustra la dominanza di alcuni tipi di radiazione nello spettro cosmico.

Misurare i flussi di particelle

La quantificazione dei flussi di particelle, ovvero la misurazione del numero di particelle che attraversano un'area specifica per unità di tempo, è essenziale per la comprensione degli fenomeni astrofisici. Vengono utilizzati diversi tipi di rivelatori, ognuno con specifici punti di forza e debolezza. I contatori a scintillazione, ad esempio, registrano i lampi di luce che si generano quando una particella interagisce con il materiale scintillante. I rivelatori a semiconduttore misurano la carica generata dalla radiazione ionizzante nel materiale semiconduttore. Questi rivelatori differiscono nella loro sensibilità a diverse tipologie di particelle e intervalli di energia. I rivelatori di neutroni sono particolarmente adatti per la misurazione dei flussi di neutroni, mentre altri rivelatori sono specializzati in particelle cariche come protoni o elettroni. La scelta del rivelatore appropriato dipende dalla specifica domanda di ricerca. Se si desidera, ad esempio, studiare la componente ad alta energia della radiazione cosmica, si utilizzano rivelatori diversi rispetto all'analisi del vento solare. [s28] La posizione dei rivelatori influisce notevolmente sui risultati delle misurazioni. Le stazioni di misura a terra registrano solo le particelle che possono penetrare l'atmosfera. Gli esperimenti con palloni e gli osservatori spaziali consentono misurazioni al di sopra dell'atmosfera, fornendo così dati su particelle che altrimenti verrebbero assorbite. Un esempio è una costellazione di satelliti multipli che raccoglie dati sui flussi di elettroni e protoni nel cintura di radiazione della Terra. [s28] La distribuzione dei satelliti all'interno della costellazione consente una ricostruzione tridimensionale dei flussi di particelle, fornendo così un'immagine dettagliata delle condizioni di radiazione nello spazio vicino alla Terra. I dati di tali missioni non sono solo rilevanti per la ricerca di base, ma anche per la protezione di satelliti e astronauti dai danni da radiazione. Oltre al numero di particelle, è di interesse anche la loro distribuzione energetica. I rivelatori sensibili all'energia forniscono informazioni sul spettro energetico dei flussi di particelle. Questi dati consentono di trarre conclusioni sui meccanismi di accelerazione delle particelle e sulle caratteristiche delle loro fonti. La combinazione di dati

provenienti da diversi rivelatori, specializzati in diversi intervalli di energia, amplia lo spettro energetico osservabile e consente un'immagine più completa dei flussi di particelle. L'analisi della variabilità temporale dei flussi di particelle fornisce ulteriori importanti informazioni. Fluttuazioni a breve termine nel flusso di particelle possono indicare eruzioni solari o altri processi dinamici. Il monitoraggio continuo dei flussi di particelle è quindi essenziale per catturare questi eventi e studiarne gli effetti sull'ambiente terrestre. I dati ottenuti non solo servono alla comprensione dei fenomeni astrofisici, ma anche allo sviluppo di modelli previsionali per il meteo spaziale, che sono fondamentali per la protezione di satelliti e infrastrutture sulla Terra.

Utile sapere

Contatori a scintillazione
Strumenti di misura che catturano i piccoli lampi di luce generati quando particelle ad alta energia colpiscono determinati materiali. Questi lampi forniscono informazioni sull'energia e sul numero delle particelle.

Esperimenti con palloni
Voli di ricerca con palloni che trasportano strumenti di misura nell'alta atmosfera o nello spazio vicino alla Terra per raccogliere dati non accessibili dalla superficie terrestre.

Fenomeni astrofisici
Eventi e processi nell'universo che possono essere descritti da leggi fisiche, come ad esempio esplosioni di supernova o la formazione di stelle.

Osservatori spaziali
Telescopi e altri strumenti di misura posizionati nello spazio per consentire osservazioni non disturbate dell'universo.

Rivelatori a semiconduttore
Rivelatori che misurano la carica elettrica generata dall'interazione delle particelle con un materiale semiconduttore. Forniscono informazioni precise sull'energia delle particelle.

Composizione dei raggi cosmici

Ripartizione delle particelle dei raggi cosmici.

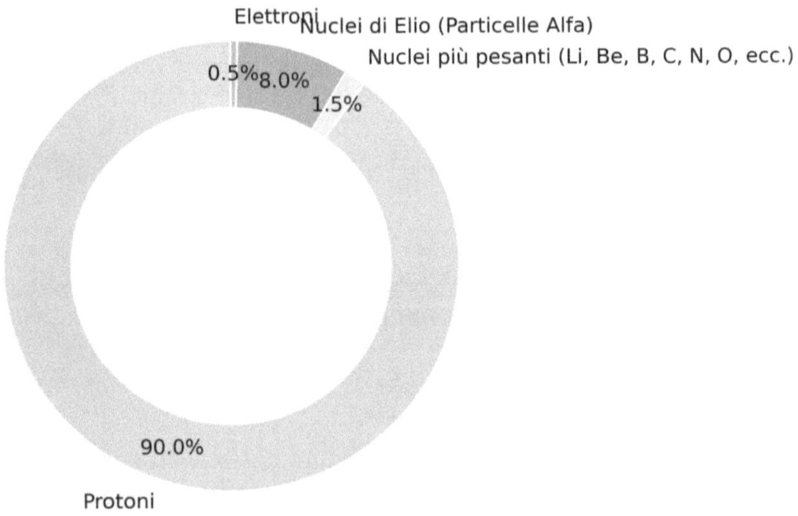

ELE: Elettroni

HEL: Nuclei di Elio (Particelle Alfa)

HVY: Nuclei più pesanti (Li, Be, B, C, N, O, ecc.)

PRO: Protoni

I protoni dominano la composizione dei raggi cosmici, evidenziando la loro importanza nei processi astrofisici ad alta energia. La presenza di nuclei di elio indica contributi dalla nucleosintesi stellare. Le percentuali minori di nuclei più pesanti ed elettroni suggeriscono origini diverse, tra cui esplosioni di supernova e altri eventi energetici. Ulteriori indagini su questi componenti meno abbondanti possono fornire preziose informazioni sugli ambienti estremi in cui vengono prodotti i raggi cosmici.

Consigli concreti

- Sviluppa un progetto artistico che visualizzi l'energia della radiazione cosmica attraverso la musica, la pittura o la danza.
- Costruisci un rivelatore di radiazione cosmica con materiali semplici e misura le fluttuazioni della radiazione nel corso di un determinato periodo.
- Crea una simulazione della diffusione della radiazione cosmica attraverso la Via Lattea e visualizza la sua interazione con i campi magnetici.
- Confronta la distribuzione dell'energia della radiazione cosmica proveniente da diverse direzioni del cielo e cerca asimmetrie.
- Progetta un concetto per una futura sonda spaziale che esplorerà le fonti di radiazione cosmica nello spazio intergalattico.
- Ricerca gli effetti della radiazione cosmica sui sistemi biologici e presenta i tuoi risultati in una conferenza.
- Discuti con altri sui possibili pericoli e opportunità derivanti dalla radiazione cosmica ad alta energia.
- Scrivi una storia di fantascienza in cui la radiazione cosmica gioca un ruolo centrale.
- Sviluppa un gioco da tavolo che trasmetta in modo ludico la formazione e la diffusione della radiazione cosmica.
- Organizza un evento pubblico per informare la popolazione sul fenomeno della radiazione cosmica.
- Rifletti sull'importanza della radiazione cosmica per la formazione e lo sviluppo dell'universo.
- Crea una timeline delle scoperte più importanti nel campo della radiazione cosmica.

4. 3 Strutture dell'universo

"Le strutture dell'universo racchiudono i più grandi enigmi dell'astrofisica: la materia oscura, invisibile ma gravitazionalmente attiva, modella galassie e ammassi di galassie. La sua esplorazione attraverso curve di rotazione, effetti di lente gravitazionale e movimenti delle galassie fornisce indizi indiretti sulla sua esistenza e distribuzione. Gli universi paralleli, al di là dell'osservazione diretta, nascono da teorie come la teoria delle stringhe, la meccanica quant

La gravità funge da strumento per rivelare strutture invisibili dell'universo come la materia oscura, rivelando la loro influenza sulla materia visibile e sulla luce.

Dimostrare la Materia Oscura

La materia oscura non può essere osservata direttamente, poiché non assorbe né emette luce. La sua rilevazione avviene solo indirettamente attraverso il suo effetto gravitazionale sulla materia visibile. Uno dei metodi più importanti è l'osservazione delle curve di rotazione delle galassie. Le stelle nei bordi esterni delle galassie a spirale ruotano più velocemente di quanto dovrebbero secondo le leggi della gravitazione newtoniana, applicate alla massa visibile. Questa discrepanza può essere spiegata dalla presenza di un halos di materia oscura che circonda la galassia e la cui forza gravitazionale aggiuntiva accelera le stelle. Un astronomo dilettante che misura le velocità di rotazione delle stelle in una galassia lontana noterebbe questi valori elevati, "vedendo" indirettamente la materia oscura. Un ulteriore indizio è fornito dall'gravitationslinseneffekt. Oggetti massicci, come galaxienhaufen, deformano lo spazio attraverso la loro gravità e deviano la luce di oggetti sullo sfondo, simile a una lente. L'intensità di questa deviazione è maggiore di quanto ci si aspetterebbe a causa della massa visibile, il che indica la presenza di materia oscura negli ammassi di galassie. Anche qui, la gravità viene utilizzata come strumento per rendere visibile l'invisibile. Il movimento delle galassie all'interno degli ammassi di galassie offre un terzo approccio. Le velocità con cui le galassie si muovono in un ammasso sono così elevate che l'ammasso volerebbe in pezzi senza l'ulteriore effetto gravitazionale della materia oscura. La massa necessaria per mantenere unite le galassie supera di gran lunga la massa visibile. Oltre a queste osservazioni astronomiche, ci sono anche esperimenti che cercano di rilevare direttamente la materia oscura. Questi esperimenti si basano sull'ipotesi che la materia oscura sia composta da Weakly Interacting Massive Particles (WIMPs), che interagiscono solo debolmente con la materia normale, ma possono comunque occasionalmente collidere con i nuclei atomici. Rilevatori situati in profondità sotto terra, schermati dalla radiazione cosmica, cercano le minuscole quantità di energia rilasciate durante tali collisioni. Finora, tuttavia, questi esperimenti non sono riusciti a fornire segnali chiari di materia oscura. La ricerca delle particelle che compongono la materia oscura è un campo di ricerca attivo e potrebbe cambiare radicalmente la nostra comprensione dell'universo. La distribuzione della materia oscura nell'universo può essere studiata anche attraverso l'analisi della radiazione cosmica di fondo a microonde (CMB). Il CMB è la radiazione residua del Big Bang e contiene informazioni sullo stato primordiale dell'universo. Piccole fluttuazioni di temperatura nel CMB forniscono indizi sulla distribuzione della densità della materia nell'universo primordiale, inclusa la materia oscura. Questi dati offrono importanti indicazioni sulla formazione delle strutture nell'universo e confermano il ruolo predominante della materia oscura in questo processo. Attraverso la misurazione precisa del CMB, è possibile testare e affinare i modelli di formazione di galassie e ammassi di galassie. La mappatura di queste fluttuazioni di temperatura è simile alla creazione di una mappa archeologica dell'universo primordiale e consente di ricostruire la distribuzione della materia oscura. La ricerca della materia oscura è una delle sfide più grandi della moderna astrofisica e cosmologia. La combinazione di diversi metodi, dalle osservazioni astronomiche agli esperimenti di laboratorio, è fondamentale per decifrare la natura di questa sostanza misteriosa e comprendere il suo impatto sulla struttura e sull'evoluzione dell'universo. L'esplorazione della materia oscura è un processo continuo che amplia costantemente la nostra comprensione del cosmo. La ricerca futura si concentrerà, tra l'altro, su rivelatori migliorati e nuovi approcci sperimentali per determinare più precisamente le proprietà della materia oscura e rivelarne la composizione. Decifrare questo mistero potrebbe rivoluzionare la nostra visione del mondo e aprire nuove intuizioni sulle leggi fondamentali della fisica.

Effetto lente gravitazionale

Effetto lente gravitazionale simulato della materia oscura sulla luce.

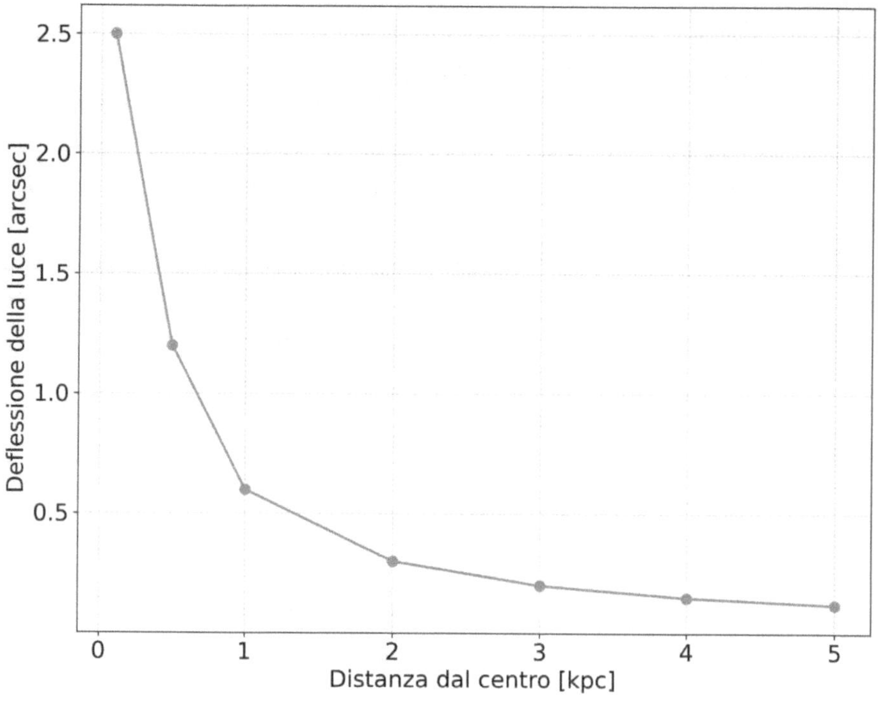

Il grafico illustra come la deflessione della luce prevista aumenta con la prossimità a un alone di materia oscura simulato. La curva ripida vicino al centro indica una forte influenza gravitazionale, suggerendo una distribuzione di massa concentrata tipica degli aloni di materia oscura. Questo effetto lente, sebbene esagerato a scopo illustrativo, è un metodo chiave utilizzato per dedurre la presenza e la distribuzione della materia oscura.

Catturare teoricamente gli universi paralleli

Gli universi paralleli si muovono al di là dell'osservazione diretta e sfuggono quindi ai metodi tradizionali dell'astronomia. La loro cattura teorica si basa su diversi modelli fisici che vanno oltre il nostro universo conosciuto. Un tale approccio è la teoria delle stringhe, che postula piccole stringhe vibranti come mattoni fondamentali della materia. Questa teoria richiede dimensioni spaziali aggiuntive che, secondo l'ipotesi, potrebbero ospitare una varietà di universi, ognuno con le proprie leggi fisiche e costanti. Un altro approccio deriva dalla meccanica quantistica, che descrive il comportamento della materia a livello subatomico. Qui, il concetto di "interpretazione dei molti mondi" porta all'idea che ad ogni misurazione quantistica l'universo si suddivide in più universi paralleli, in cui ciascun possibile risultato di misurazione viene realizzato. Anche la semplice decisione di bere caffè o tè potrebbe quindi portare a risultati diversi in innumerevoli universi paralleli. La teoria dell'inflazione, che postula un'espansione estremamente rapida dell'universo nelle fasi iniziali, offre un'altra prospettiva. Secondo questa teoria, potrebbero formarsi "bolle" in questo processo inflazionistico, che si sviluppano in universi separati, che a loro volta fanno parte di un multiverso più grande. Le proprietà di questi universi, come la forza delle forze fondamentali o le masse delle particelle elementari, potrebbero variare notevolmente. Modelli cosmologici basati sulla teoria della relatività generale aprono anch'essi la possibilità di universi paralleli. Ad esempio, i wormhole, tunnel ipotetici attraverso lo spaziotempo, potrebbero stabilire collegamenti con altri universi. Anche l'idea di un universo ciclico, che si espande e collassa continuamente, implica l'esistenza di universi paralleli che esistono in cicli precedenti o futuri. Sebbene l'esistenza di universi paralleli sia finora puramente ipotetica, questi concetti offrono spunti di riflessione sulla struttura fondamentale della realtà e sui limiti della nostra conoscenza.

L'esplorazione di queste idee, sia teoricamente che attraverso la ricerca di indizi indiretti, potrebbe cambiare radicalmente la nostra comprensione del cosmo. Ad esempio, future misurazioni della radiazione cosmica di fondo potrebbero rivelare anomalie sottili che indicano interazioni con altri universi. La ricerca di tali tracce è un'impresa a lungo termine che richiede nuove tecnologie e metodi di misurazione innovativi. L'analisi teorica degli universi paralleli stimola lo sviluppo di nuovi modelli fisici e amplia i confini della nostra immaginazione sulla natura dell'universo.

Utile sapere

Interpretazione dei molti mondi

L'interpretazione dei molti mondi è un'interpretazione della meccanica quantistica. Essa afferma che ad ogni misurazione quantistica l'universo si suddivide in più universi paralleli, in cui vengono realizzati tutti i possibili risultati di misurazione.

Radiazione cosmica di fondo

La radiazione cosmica di fondo è una radiazione a microonde proveniente dall'epoca primordiale dell'universo. Potrebbe contenere indizi sull'esistenza di altri universi.

Teoria della relatività generale

La teoria della relatività generale è una teoria della gravità sviluppata da Albert Einstein. Descrive la gravità come curvatura dello spaziotempo e consente l'immaginazione di strutture come i wormhole, che potrebbero ipoteticamente condurre ad altri universi.

Universo ciclico

Un universo ciclico è un modello cosmologico in cui l'universo esiste in un ciclo eterno di espansione e contrazione. Ogni ciclo potrebbe significare la nascita di nuovi universi paralleli.

Strutture dell'universo teorico

Distribuzione dei tipi di universi teorici.

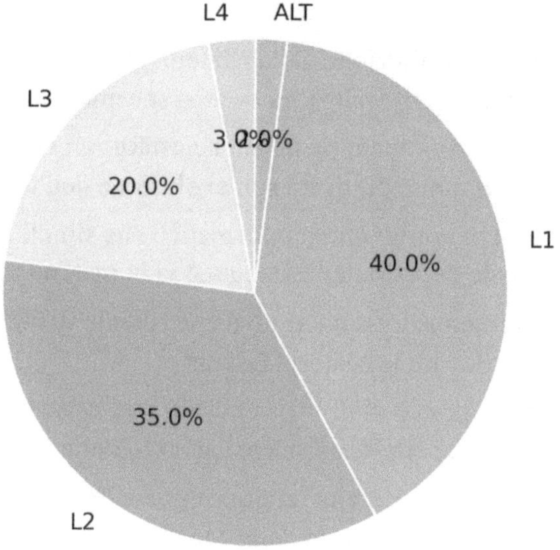

ALT: Altro/Non classificato

L1: Livello 1: Regioni oltre il nostro orizzonte cosmico

L2: Livello 2: Universi a bolle con diverse costanti fisiche

L3: Livello 3: Interpretazione a molti mondi della meccanica quantistica

L4: Livello 4: Insieme definitivo, tutte le possibili strutture matematiche

La maggior parte delle teorie attuali si concentra sui concetti di multiverso di Livello 1 e Livello 2. Mentre il Livello 3 rappresenta una porzione significativa, suggerisce che è necessaria un'ulteriore esplorazione in quest'area. I livelli 4 e superiori, che rappresentano deviazioni più radicali dalla nostra attuale comprensione, sono attualmente meno esplorati, indicando che rimangono ai margini della fisica teorica.

Consigli concreti

- Sviluppa un tuo modello della rete cosmica utilizzando fili e nodi di lana o di filo per visualizzare la distribuzione della Materia Oscura.
- Crea una serie di disegni che rappresentano la formazione degli ammassi di galassie sotto l'influenza della Materia Oscura in diverse fasi.
- Confronta la distribuzione della Materia Oscura in diversi tipi di galassie attraverso simulazioni e cerca schemi caratteristici.
- Progetta un esperimento mentale che esplori gli effetti di una densità di Materia Oscura modificata sull'evoluzione dell'universo.
- Sviluppa un tuo programma informatico che simuli l'interazione gravitazionale della Materia Oscura con la materia visibile.
- Crea una presentazione interattiva che spieghi in modo chiaro i vari metodi per rilevare la Materia Oscura.
- Organizza un tavolo di discussione con altri astronomi amatoriali sulle questioni aperte della ricerca sulla Materia Oscura.
- Scrivi un post sul blog che renda comprensibili al grande pubblico le ultime scoperte sulla natura della Materia Oscura.
- Progetta un'opera d'arte che esprima la tua interpretazione personale della Materia Oscura e del suo ruolo nell'universo.
- Rifletti sui limiti della nostra attuale conoscenza sulla Materia Oscura e sull'importanza di queste domande irrisolte per la cosmologia.
- Ricerca la storia della ricerca sulla Materia Oscura e crea una timeline delle scoperte e delle teorie più importanti.
- Sviluppa un gioco che trasmetta in modo ludico la ricerca della Materia Oscura e l'esplorazione delle strutture dell'universo.

Revisione - 4. Fenomeni astrofisici

I fenomeni astrofisici affascinano per la loro complessità e le immense scale su cui si manifestano. Dalla danza dei pianeti attorno a stelle lontane alle misteriose proprietà della materia oscura, ci offrono uno sguardo sulle leggi fondamentali dell'universo. Tuttavia, l'accesso a questi fenomeni non è riservato solo agli astronomi professionisti. Anche gli astronomi amatoriali possono partecipare attivamente all'esplorazione del cosmo e ottenere preziose scoperte con gli strumenti e i metodi giusti.

Un primo passo consiste nel familiarizzarsi con i concetti fondamentali della gravità. Essa determina il movimento dei corpi celesti e può essere osservata in fenomeni come le orbite planetarie o le maree. Con un semplice pendolo, è possibile misurare l'accelerazione di gravità terrestre e così sperimentare la forza gravitazionale in prima persona. Progetti più avanzati potrebbero includere l'osservazione di sistemi stellari doppi e il calcolo delle loro masse. Le sfide qui risiedono nella misurazione precisa delle posizioni e delle velocità, che richiedono pazienza e attenzione.

L'esplorazione dei buchi neri, gli oggetti più esotici dell'universo, è anch'essa accessibile agli astronomi amatoriali. Anche se non possono essere visti direttamente, i loro effetti sull'ambiente circostante forniscono indizi chiari sulla loro esistenza. L'analisi delle orbite stellari nelle vicinanze di buchi neri sospetti o l'elaborazione di dati pubblicamente accessibili da osservatori di onde gravitazionali offrono opportunità entusiasmanti per partecipare all'avanguardia della ricerca. Tuttavia, l'interpretazione di questi dati richiede una solida comprensione della fisica sottostante e può rappresentare una sfida. Risorse online e forum di astronomia offrono supporto prezioso e scambio con appassionati esperti.

L'analisi della distribuzione della materia nell'universo e la ricerca della materia oscura sono ulteriori affascinanti aree di ricerca. Attraverso l'osservazione di ammassi di galassie e lo studio dell'effetto lente gravitazionale, è possibile dedurre indirettamente la distribuzione della materia oscura. L'analisi dei dati della radiazione cosmica di fondo offre uno sguardo ai primordi dell'universo e consente di esplorare il ruolo della materia oscura nella formazione delle strutture. Tuttavia, l'accesso a questi dati e la loro interpretazione richiedono software e conoscenze specifiche, che possono essere acquisite con un po' di impegno.

L'esplorazione dei fenomeni astrofisici è un processo continuo che porta a nuove scoperte e conoscenze. Anche come astronomo amatoriale, puoi partecipare attivamente a questo processo e ampliare la tua comprensione dell'universo. Con curiosità, pazienza e gli strumenti giusti, si aprono davanti a te possibilità inaspettate per esplorare i segreti del cosmo e vivere da vicino il fascino dell'astrofisica. Entra nel mondo della scienza e lasciati ispirare dalla bellezza e dalla complessità dell'universo!

5. Esplorazione spaziale e cosmo

Vi siete mai chiesti come ci si sente a osservare la Terra dall'alto? I viaggi spaziali hanno cambiato radicalmente il nostro sguardo sul cosmo e oggi permettono osservazioni precise di corpi celesti lontani. Dai primi satelliti alle moderne stazioni spaziali, questo capitolo documenta le pietre miliari tecniche della ricerca spaziale. La mappatura sistematica dello spazio non solo aiuta nella navigazione, ma rivela anche fenomeni cosmici finora sconosciuti. Con ogni giorno trascorso nello spazio, la nostra comprensione dei segreti dell'universo cresce - e allo stesso tempo solleva nuove domande.

5. 1 Osservare le stazioni spaziali

Le stazioni spaziali come la ISS offrono affascinanti opportunità di osservazione per gli astrofili. La previsione dei loro orari di passaggio utilizzando software e app, basata su dati orbitali aggiornati, è fondamentale per il successo dell'osservazione. In questo contesto, la precisa determinazione della posizione, la considerazione degli influssi atmosferici e l'interpretazione dei parametri calcolati come luminosità ed elevazione rappresentano una sfida. Il tracciamento delle traiettorie in tempo reale consente persino l'allineamento automatico dei telescopi. Scoprite in questo capitolo come affrontare queste sfide e realizzare osservazioni straordinarie.

Per osservazioni di stazioni spaziali di successo, sia la pianificazione precisa con app specializzate sia la considerazione di fattori ambientali come il meteo e l'inquinamento luminoso sono fondamentali.

Calcolare i Tempi di Sorvolo

Per determinare i tempi di sorvolo della Stazione Spaziale Internazionale (ISS) o di altri satelliti, è necessario utilizzare siti web o app specializzate. Questi accedono ai dati orbitali forniti dalle rispettive agenzie spaziali. I parametri di input sono tipicamente la vostra posizione – inserita manualmente tramite longitudine e latitudine o determinata automaticamente tramite GPS. Alcuni strumenti consentono anche la selezione di satelliti specifici. L'output dei calcoli include generalmente:
- Orario di inizio e fine della visibilità
- Durata del sorvolo
- Altezza massima sopra l'orizzonte (Elevazione)
- Direzione in cui appare e scompare (Azimut)
- Luminosità (magnitude)

La luminosità indica quanto bene il satellite è visibile ad occhio nudo. Valori negativi indicano oggetti particolarmente luminosi. Un valore di -3 corrisponde circa a Venere, mentre la ISS può raggiungere fino a -4 in buone condizioni. Un flare di Iridium, un'improvvisa e intensa luminosità dei satelliti Iridium, può persino raggiungere valori di -8, risultando più luminoso di qualsiasi stella nel cielo notturno. L'accuratezza delle previsioni dipende dalla freschezza dei dati orbitali. L'orbita della ISS, ad esempio, cambia costantemente a causa della resistenza atmosferica. Pertanto, le previsioni a breve termine (pochi giorni in anticipo) sono più precise rispetto a quelle a lungo termine. Si noti anche che la nuvolosità può influenzare significativamente la visibilità. Controllate quindi le previsioni meteorologiche prima di osservare. La maggior parte dei siti web e delle app offre una rappresentazione grafica del sorvolo su una mappa stellare. Questa mostra il percorso del satellite nel cielo, rendendo più facile seguirlo. Alcuni programmi offrono anche notifiche via email o push per ricordarvi i prossimi sorvoli. Oltre alla ISS, ci sono numerosi altri satelliti che possono essere osservati. Questi includono, ad esempio, la stazione spaziale cinese Tiangong, il telescopio spaziale Hubble e vari satelliti per l'osservazione della Terra. Per ogni satellite ci sono siti web o app specifiche che calcolano i tempi di sorvolo. L'elevazione, ovvero l'altezza massima del satellite sopra l'orizzonte, è un fattore cruciale per la visibilità. Un satellite con un'elevazione di 90 gradi si trova direttamente sopra di voi (Zenit), mentre un valore di 0 gradi significa che si trova all'orizzonte. Maggiore è l'elevazione, più a lungo e meglio il satellite è visibile. Un sorvolo con un'elevazione massima di soli 10 gradi scomparirà probabilmente dietro alberi o edifici. Un valore di 60 gradi, invece, offre buone condizioni di osservazione. Per distinguere la ISS da altri oggetti celesti, prestare attenzione alla sua velocità e luminosità. La ISS si muove relativamente veloce nel cielo – impiega circa 90 minuti per completare un'orbita attorno alla Terra. Appare come un punto luminoso in movimento, senza luci lampeggianti, a differenza degli aerei. Se non siete sicuri di vedere effettivamente la ISS, potete confrontare la vostra osservazione con i tempi di sorvolo previsti e la traiettoria sulla mappa stellare. In questo modo, con il tempo, acquisirete esperienza e potrete identificare rapidamente e con sicurezza la ISS. Per un successo ottimale nell'osservazione, è consigliabile un luogo lontano da fonti di luce disturbanti, come lampioni o edifici illuminati. Un cielo scuro migliora notevolmente la visibilità.

Iridium flare [i69]

Utile sapere

Azimut

L'azimut è l'angolo tra il nord e la proiezione di un oggetto celeste sull'orizzonte. Viene misurato in gradi e conteggiato in senso orario a partire dal nord (nord = 0°, est = 90°, sud = 180°, ovest = 270°).

Dati Orbitali

I dati orbitali descrivono la posizione e il movimento esatti di un satellite nello spazio. Vengono calcolati e pubblicati dalle agenzie spaziali e costituiscono la base per la previsione dei tempi di sorvolo.

Elevazione

L'elevazione indica l'angolo tra l'orizzonte e un oggetto celeste. Viene misurata in gradi e varia da 0° (all'orizzonte) a 90° (in zenit, direttamente sopra l'osservatore).

Flare di Iridium

Un flare di Iridium è un'intensa luminosità di un satellite Iridium quando la luce del sole viene riflessa dalle sue antenne. Questo fenomeno può apparire temporaneamente più luminoso di tutte le stelle nel cielo notturno ed è ben visibile anche nelle aree urbane.

Zenit

Il zenit è il punto nel cielo direttamente sopra l'osservatore. Ha un'elevazione di 90 gradi.

Durata Sorvolo ISS

Durata del sorvolo visibile in base alla latitudine dell'osservatore.

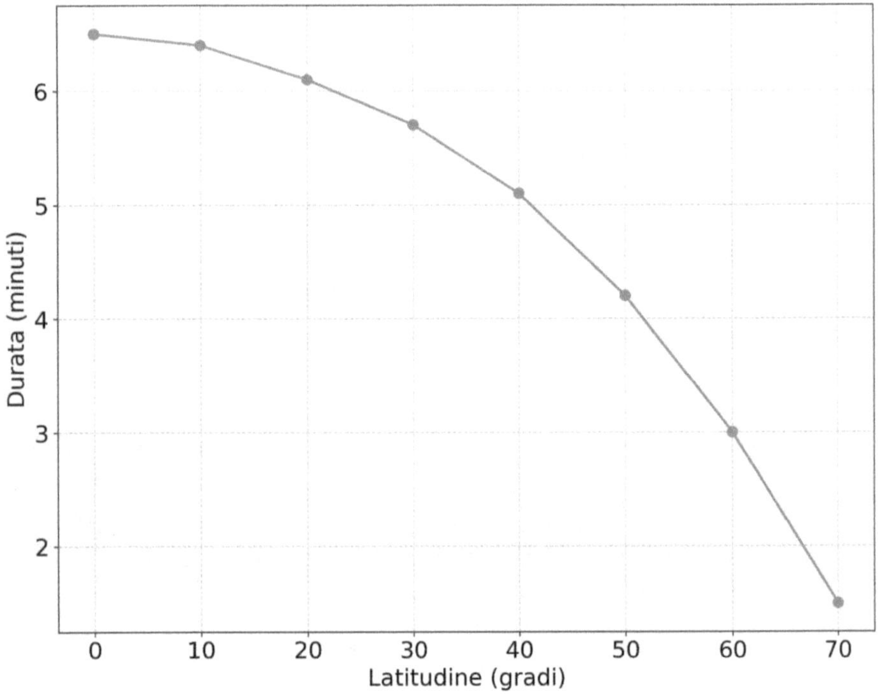

Il grafico mostra che gli osservatori a latitudini più elevate generalmente sperimentano durate di sorvolo più brevi. Questo perché l'orbita della ISS è inclinata rispetto all'equatore e quindi trascorre meno tempo visibile da luoghi più lontani dall'equatore.

Seguire le traiettorie

La localizzazione precisa di satelliti e stazioni spaziali richiede più della semplice calcolo dei tempi di sorvolo. Il monitoraggio delle loro traiettorie in tempo reale apre ulteriori possibilità, come l'allineamento automatizzato degli strumenti di osservazione. I sistemi di monitoraggio in tempo reale utilizzano, come descritto nella fonte [s29], sensori per la determinazione della posizione e orientamento 3D. Questi non solo rilevano la propria posizione geografica, ma anche l'orientamento nello spazio, per determinare con precisione la posizione del satellite nel cielo. Una piattaforma con sensori e servomotori controlla l'orientamento e invia i dati raccolti per ulteriori analisi e visualizzazione a una piattaforma centrale. In questo modo, il movimento di un telescopio può essere accoppiato con precisione alla traiettoria di un satellite.

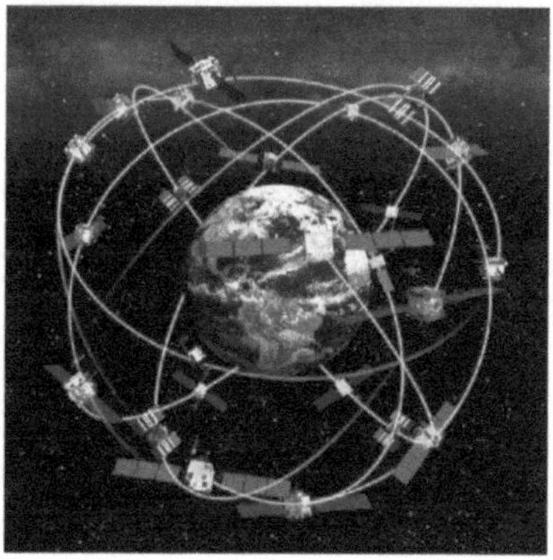

costellazione di satelliti [i70]

La scelta di siti di osservazione appropriati e la considerazione degli effetti fisici sono ulteriori fattori per un monitoraggio delle traiettorie di successo. Come menzionato in [s30], in Australia sono state posizionate strategicamente due stazioni radar per ottenere una copertura ottimale da est a ovest per l'osservazione dei satelliti. Analogamente alla scelta del sito di osservazione per la ISS, anche qui la migliore linea di vista gioca un ruolo cruciale. Inoltre, le condizioni atmosferiche e l'effetto Doppler influenzano i segnali ricevuti e devono essere considerati nel calcolo della reale posizione del satellite. La modellazione della costellazione di satelliti, il calcolo del tempo di percorrenza del segnale (latenza) e dello spostamento di frequenza (effetto Doppler) sono quindi essenziali per un monitoraggio preciso delle traiettorie. Inoltre, secondo [s30], si sta studiando l'integrazione di tecniche di intelligenza artificiale per ottimizzare ulteriormente la previsione dei movimenti dei satelliti e la compensazione dell'effetto Doppler. Questi risultati di ricerca potrebbero in futuro trovare applicazione anche in sistemi di tracciamento privati per astronomi amatoriali. La combinazione di localizzazione precisa in tempo reale con metodi di calcolo avanzati e previsione supportata da intelligenza artificiale consente quindi un miglioramento del monitoraggio di satelliti e stazioni spaziali.

Tracciamento Stazione Spaziale

Caratteristiche orbitali di varie stazioni spaziali.

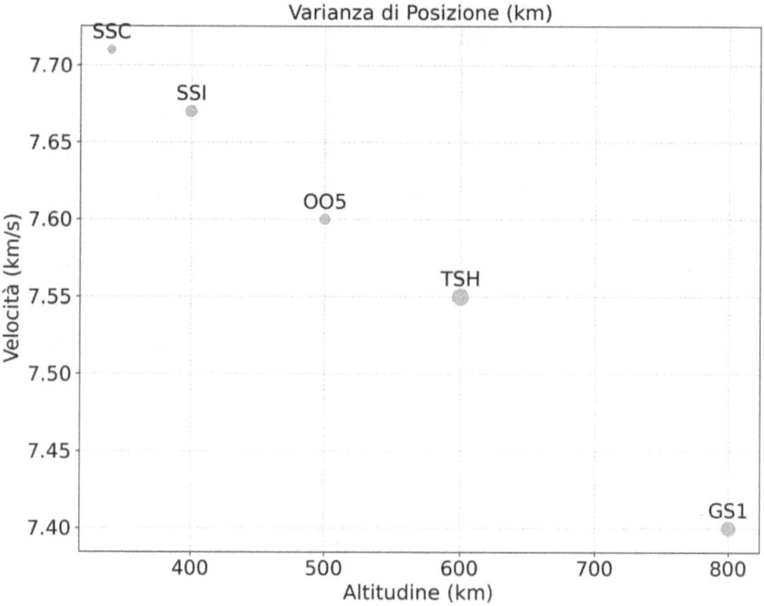

Blasengröße: Varianza di Posizione (km)

GS1: Satellite Geosincrono 1

OO5: Osservazione Orbitale 5

SSC: Stazione Spaziale Cinese

SSI: Stazione Spaziale Internazionale

TSH: Telescopio Spaziale Hubble

Questo grafico rivela una correlazione tra altitudine e velocità orbitale. Le stazioni a quote più elevate mostrano generalmente velocità inferiori, coerentemente con le leggi di Keplero sul moto planetario. La dimensione della bolla indica la varianza di posizione della stazione, suggerendo potenziali influenze dalla resistenza atmosferica o dagli aggiustamenti orbitali. Le stazioni con una maggiore varianza di posizione potrebbero essere in fase di manovra o subire effetti atmosferici più significativi.

Creare Documentazione Fotografica

La documentazione dei passaggi delle stazioni spaziali con foto richiede pianificazione e l'attrezzatura giusta. Oltre a una fotocamera con impostazioni manuali per tempo di esposizione, apertura e valore ISO, un treppiede stabile è essenziale per garantire scatti privi di vibrazioni. Un telecomando riduce ulteriormente le vibrazioni. La scelta dell'obiettivo dipende dall'ingrandimento desiderato: obiettivi tele con lunghezze focali a partire da 200 mm o più sono adatti per rappresentare la stazione spaziale come un oggetto ben definito. Obiettivi grandangolari invece catturano l'intero passaggio nel cielo stellato. Prima del passaggio, dovresti adattare le impostazioni della fotocamera alle condizioni di luce. Inizia con un'alta sensibilità ISO, un'apertura ampia (valore di apertura piccolo, ad esempio f/2.8 o f/4) e un tempo di esposizione breve (ad esempio 1/250 di secondo). Prova diverse combinazioni per trovare il giusto equilibrio tra luminosità e nitidezza. La corretta messa a fuoco è fondamentale, poiché la stazione spaziale si muove rapidamente. Utilizza l'autofocus della tua fotocamera o metti a fuoco manualmente su una stella luminosa vicino alla traiettoria prevista e poi disattiva l'autofocus. Durante il passaggio, segui continuamente la stazione spaziale con la fotocamera. Idealmente, utilizza un seguimento motorizzato collegato alla traiettoria calcolata. In questo modo, la stazione spaziale rimane al centro dell'immagine e sono possibili tempi di esposizione lunghi. Se non è disponibile un sistema di inseguimento, il tracciamento manuale richiede pratica e una mano ferma. Crea scatti in serie per aumentare la probabilità di un'immagine nitida. Varia il tempo di esposizione per catturare sia la stazione spaziale stessa che il suo movimento come traccia luminosa nel cielo stellato. Un tempo di esposizione di diversi secondi produce una traccia visibile, mentre tempi di esposizione più brevi rappresentano la stazione spaziale come un punto. Dopo il passaggio, puoi modificare le foto con un software adeguato. L'adattamento di luminosità, contrasto e nitidezza ottimizza la rappresentazione. Le singole immagini possono essere unite in un video in timelapse per rappresentare dinamicamente l'intero passaggio. Sovrapponendo più scatti in un'immagine, puoi visualizzare il movimento della stazione spaziale come una traccia luminosa, mentre le stelle appaiono come punti. Documenta accuratamente i tuoi scatti con data, ora, posizione e impostazioni della fotocamera. Questi metadati facilitano l'analisi successiva e il confronto con altre osservazioni. Così si crea una documentazione fotografica completa che cattura le tue osservazioni della stazione spaziale e illustra i tuoi progressi nell'astrofotografia. Un archivio fotografico ben documentato ti consente anche di perfezionare le tue tecniche e migliorare la qualità dei tuoi scatti futuri.

Inseguimento (Astronomia) [i71]

Scia stellare [i72]

Utile sapere

Obiettivo grandangolare

Un obiettivo grandangolare ha una lunghezza focale corta e cattura un ampio angolo di visione. È adatto per fotografare la stazione spaziale nel contesto del cielo stellato.

Scatti in serie

Gli scatti in serie significano che la fotocamera scatta più immagini rapidamente una dopo l'altra. Questo aumenta la possibilità di un'immagine nitida, specialmente con oggetti in movimento come le stazioni spaziali.

Inseguimento

Un inseguimento motorizzato compensa la rotazione terrestre e consente esposizioni prolungate senza che le stelle diventino strisce. È particolarmente utile nella fotografia delle stazioni spaziali.

Tempo di esposizione

Il tempo di esposizione indica per quanto tempo il sensore è esposto alla luce. Viene misurato in secondi o frazioni di secondo.

Video in timelapse

Un video in timelapse si crea unendo molte immagini singole scattate a intervalli di tempo. Comprime un periodo di tempo più lungo, come il passaggio di una stazione spaziale, in una breve sequenza.

Tecniche di Documentazione Fotografica per l'Osservazione della Stazione Spaziale

Confronto tra le Tecniche di Imaging per l'Acquisizione di Stazioni Spaziali

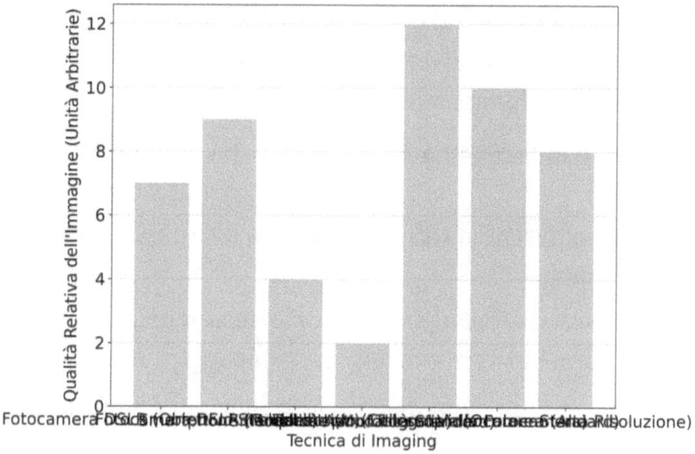

DSC: Fotocamera DSLR (Obiettivo Standard)

DTL: Fotocamera DSLR (Teleobiettivo)

SMA: Smartphone (Modalità Standard)

SNA: Smartphone (Modalità Astrofotografia)

TEC: Telescopio (Collegato alla Fotocamera)

TES: Telescopio (Oculare Standard)

VID: Videocamera (Alta Risoluzione)

I dati mostrano chiaramente che le fotocamere DSLR offrono una qualità dell'immagine superiore rispetto alle fotocamere degli smartphone, soprattutto quando si catturano dettagli delle stazioni spaziali. La fotografia assistita da telescopio fornisce la massima risoluzione e dettaglio, ma presenta limitazioni dovute al tracciamento e alle condizioni atmosferiche. Sebbene le modalità di astrofotografia degli smartphone offrano una migliore sensibilità alla luce, sono ancora indietro rispetto alle fotocamere dedicate in termini di risoluzione e controllo. Nel complesso, l'approccio ottimale dipende dal livello di dettaglio desiderato e dall'attrezzatura disponibile, con i metodi basati su DSLR e telescopio che producono i migliori risultati per una documentazione dettagliata.

Consigli concreti

- Organizza un'osservazione di gruppo della ISS e di altre stazioni spaziali e condividi le tue impressioni.
- Segui la stazione spaziale con un telescopio e cerca di riconoscere dettagli come i pannelli solari o le navette attraccate.
- Confronta la luminosità della ISS con quella di pianeti e stelle per avere un'idea della magnitudine.
- Crea un'immagine panoramica del cielo notturno mentre la ISS lo attraversa.
- Cerca di fotografare la ISS attraverso un telescopio e affronta le sfide della sua alta velocità.
- Utilizza l'osservazione della ISS come occasione per apprendere di più sulla storia dei voli spaziali con equipaggio.
- Segui i vari moduli della ISS e le loro funzioni e schizza il loro layout.
- Calcola la velocità della ISS basandoti sui tuoi dati di osservazione e sull'altezza orbitale nota.
- Rifletti sull'importanza della cooperazione internazionale nell'esplorazione spaziale, simboleggiata dalla ISS.
- Progetta un tuo concetto per una futura stazione spaziale e presentalo al tuo gruppo.
- Segui anche le orbite di altri satelliti, come i satelliti per l'osservazione della Terra o i satelliti per le comunicazioni.
- Confronta le traiettorie di diverse stazioni spaziali e satelliti e analizza le differenze in altezza e inclinazione.
- Sviluppa una comprensione delle sfide nel monitoraggio delle orbite degli oggetti in orbita terrestre.

5. 2 Utilizzare l'atlante spaziale

Questo capitolo spiega l'uso di un atlante spaziale per la localizzazione e catalogazione precisa degli oggetti celesti. L'applicazione di diversi sistemi di coordinate, come il sistema equatoriale e galattico, consente di determinare posizioni e tracciare movimenti nello spazio. Le sfide consistono nell'interpretazione e applicazione corretta di questi sistemi, nonché nella scelta di metodi di analisi appropriati. Padroneggiate queste tecniche e scoprite le profondità dell'universo.

La scelta del giusto sistema di coordinate nell'atlante spaziale è fondamentale per la localizzazione e l'analisi degli oggetti celesti e consente il tracciamento preciso dei loro movimenti, nonché il confronto delle osservazioni.

Applicare i sistemi di coordinate

Per localizzare con precisione gli oggetti nello spazio, l'atlante spaziale utilizza diversi sistemi di coordinate. Proprio come la longitudine e la latitudine geografiche sulla Terra determinano la posizione di un luogo, le coordinate nello spazio indicano la posizione di stelle, galassie e altri oggetti celesti. Un sistema comunemente utilizzato è il aequatoriale_koordinatensystem, che si basa sulla proiezione dell'equatore terrestre nel cielo. Qui, l'ascensione retta, paragonabile alla longitudine geografica, e la declinazione, analogamente alla latitudine, fungono da coordinate. L'ascensione retta è espressa in ore, minuti e secondi, mentre la declinazione è misurata in gradi. Un altro sistema, il sistema di coordinate galattico, si riferisce alla Via Lattea. Qui, la posizione di un oggetto è indicata rispetto al piano galattico e al centro galattico. La lunghezza galattica e la larghezza galattica fungono da coordinate. L'applicazione di questi sistemi di coordinate nell'atlante spaziale consente non solo di localizzare gli oggetti, ma anche di tracciare il loro movimento nel tempo. Registrando le coordinate in diversi momenti, è possibile determinare le orbite di pianeti, comete o satelliti. La conoscenza precisa di queste orbite è essenziale per la pianificazione delle missioni spaziali, sia per l'esplorazione di altri pianeti che per il posizionamento di satelliti in orbita terrestre. L'allineamento dei dati a un modello standard o atlante, come nel sistema di coordinate Talairach-Tournoux, consente il confronto dei set di dati. Ad esempio, i cambiamenti nel cervello nel tempo possono essere studiati in studi longitudinali. La trasformazione delle scansioni cerebrali in questo sistema di coordinate può avvenire manualmente tramite l'impostazione di marcatori anatomici o automaticamente utilizzando un modello. Sebbene la trasformazione automatica sia più efficiente, il metodo manuale offre una maggiore precisione, poiché possono essere considerate le variazioni anatomiche individuali. Tuttavia, i modelli standard possono anche causare

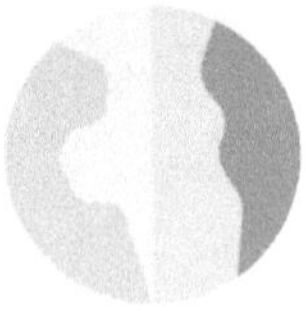

incoerenze tra diversi cervelli, poiché non possono rappresentare tutta la variabilità individuale. Pertanto, la scelta del metodo dipende dalla specifica domanda di ricerca e dalle risorse disponibili. Combinando diversi sistemi di coordinate e metodi di analisi, l'atlante spaziale offre uno strumento potente per esplorare l'universo e consente di esaminare relazioni complesse e ottenere nuove conoscenze. Esempio di fonte per il sistema di coordinate equatoriale (qui può essere inserita una fonte adeguata) Esempio di fonte per il sistema di coordinate galattico (qui può essere inserita una fonte adeguata)

Utile sapere

Lunghezza galattica

La lunghezza galattica è una delle due coordinate nel sistema di coordinate galattico. Viene misurata dal centro galattico lungo il piano galattico.

Sistema di coordinate galattico

Il sistema di coordinate galattico è un sistema di coordinate basato sulla Via Lattea. Utilizza lunghezza galattica e larghezza galattica per indicare la posizione degli oggetti rispetto al piano galattico e al centro galattico.

Sistema di coordinate Talairach-Tournoux

Un sistema di coordinate tridimensionale che funge da riferimento per la localizzazione delle strutture nel cervello. Consente la standardizzazione e il confronto dei dati cerebrali.

Distribuzione dei sistemi di coordinate in un atlante spaziale

Visualizzazione della prevalenza di vari sistemi di coordinate utilizzati in un atlante spaziale.

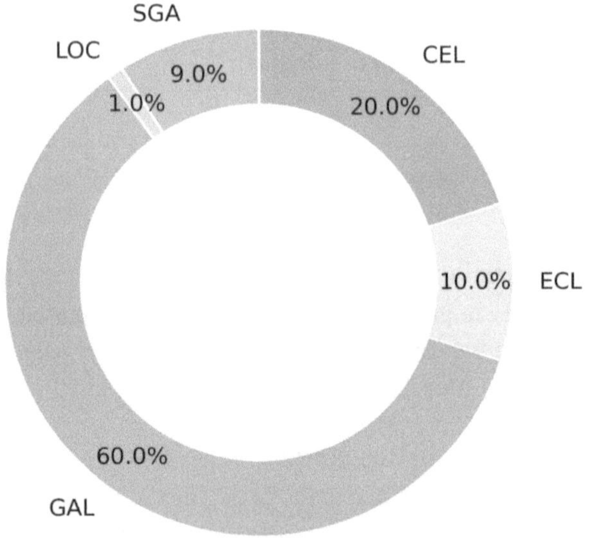

CEL: Coordinate Celesti
ECL: Coordinate Eclittiche
GAL: Coordinate Galattiche
LOC: Coordinate Locali
SGA: Coordinate Supergalattiche

Le coordinate galattiche dominano l'atlante, evidenziando un focus su strutture su larga scala. Mentre le coordinate celesti ed eclittiche sono presenti, le loro proporzioni minori suggeriscono che vengono utilizzate per scopi specifici, forse per osservazioni dalla Terra o all'interno del sistema solare. L'uso di coordinate supergalattiche indica che l'atlante include dati su strutture al di fuori della nostra galassia, sebbene meno frequentemente rispetto ai dati galattici. La presenza minima di coordinate locali suggerisce un focus limitato su regioni spaziali molto piccole e specifiche.

Catalogare gli oggetti celesti

La catalogazione degli oggetti celesti è essenziale per la navigazione, la ricerca e la comprensione dell'universo. Gli astronomi utilizzano diversi metodi per identificare, classificare e registrare le caratteristiche degli oggetti. Un aspetto importante è la spettroscopia, che consente l'analisi della luce di stelle e altri oggetti [s31]. Attraverso lo studio delle linee spettrali – linee scure o luminose nello spettro di un oggetto – gli scienziati possono ottenere informazioni sulla composizione chimica, temperatura e velocità dell'oggetto. La precisa correzione di baseline degli spettri è fondamentale per ottimizzare il rapporto segnale-rumore e garantire l'accuratezza dell'analisi [s31]. Ad esempio, le stelle di tipo B e le stelle subnane calde possono essere identificate e classificate in base alle loro linee spettrali caratteristiche. Oltre alla spettroscopia, anche l'astrometria, che si occupa della determinazione precisa delle posizioni degli oggetti nel cielo, gioca un ruolo cruciale. Attraverso misurazioni ripetute delle posizioni, è possibile tracciare i movimenti degli oggetti e calcolare le loro orbite. Queste informazioni sono rilevanti, tra l'altro, per la previsione delle orbite degli asteroidi o per la pianificazione di missioni spaziali. Inoltre, più inseguitori stellari – strumenti per la determinazione della posizione dei satelliti – possono essere utilizzati per migliorare il monitoraggio spaziale e la consapevolezza situazionale nello spazio [s32]. Ogni satellite dotato di un inseguitore stellare può fungere da osservatore per il monitoraggio spaziale, contribuendo così alla raccolta di detriti spaziali. La combinazione di dati di posizione provenienti da diversi inseguitori stellari e l'applicazione di algoritmi di correzione, come il algoritmo MMSE di Gauss, aumentano l'accuratezza della determinazione della posizione degli oggetti in orbita [s32]. I dati così ottenuti vengono inseriti in cataloghi che vengono costantemente ampliati e aggiornati. Questi cataloghi contengono una vasta gamma di informazioni sugli oggetti, comprese le loro coordinate, luminosità, classe spettrale e, se del caso, ulteriori caratteristiche come dimensione, massa o velocità di rotazione. Un tale catalogo potrebbe in futuro includere anche i parametri orbitali iniziali degli oggetti in diverse sezioni orbitali, per facilitare il riconoscimento e il tracciamento degli obiettivi [s32]. Attraverso la catalogazione e l'analisi sistematica degli oggetti celesti, ampliamo la nostra conoscenza dell'universo e poniamo le basi per future ricerche ed esplorazioni.

Utile sapere

Algoritmo MMSE di Gauss

L'algoritmo MMSE di Gauss (Minimum Mean Square Error) è un metodo matematico per minimizzare gli errori nella stima dei valori, ad esempio nella determinazione della posizione dei satelliti.

Correzione di baseline

La correzione di baseline è un metodo per migliorare la qualità degli spettri, rimuovendo segnali di fondo indesiderati per aumentare l'accuratezza dell'analisi.

Parametri orbitali iniziali

I parametri orbitali iniziali descrivono la posizione e la velocità di un oggetto nello spazio in un determinato momento. Sono importanti per calcolare l'orbita futura dell'oggetto.

Rapporto segnale-rumore

Il rapporto segnale-rumore descrive il rapporto tra il segnale utile (ad esempio, la luce di una stella) e il rumore indesiderato nel dispositivo di misurazione. Un alto rapporto segnale-rumore è essenziale per misurazioni precise.

Classi di oggetti celesti

Distribuzione degli oggetti celesti

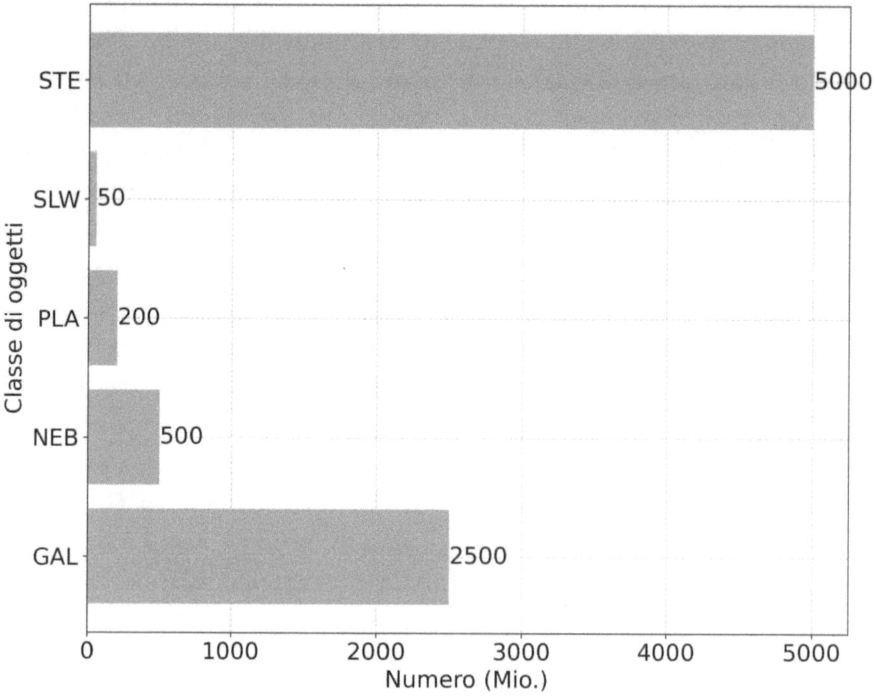

GAL: Galassie

PLA: Pianeti

STE: Stelle

NEB: Nebulose

SLW: Buchi neri

Il diagramma visualizza la frequenza relativa di diverse classi di oggetti celesti. Le stelle sono le più comuni, seguite dalle galassie. Nebulose e pianeti sono significativamente meno comuni, mentre i buchi neri sono i più rari.

Tenere registri di osservazione

I registri di osservazione costituiscono la base per la raccolta sistematica e la successiva analisi delle osservazioni astronomiche. Un registro ben tenuto non solo consente la documentazione delle proprie osservazioni, ma anche il loro confronto con altre fonti di dati, contribuendo così all'acquisizione di conoscenze scientifiche. I componenti essenziali di un tale registro sono la data e l'ora dell'osservazione, il luogo di osservazione e gli strumenti utilizzati, inclusi eventuali filtri o oculari. Le condizioni atmosferiche, come la visibilità o il seeing, influenzano la qualità delle osservazioni e dovrebbero quindi essere annotate. La descrizione dell'oggetto osservato comprende la sua designazione nel catalogo – se nota – la sua posizione in base alle coordinate utilizzate (ad esempio, Rektaszension e declinazione) e le caratteristiche osservate. Nell'osservazione visiva dei pianeti, questi possono essere dettagli della struttura superficiale o la posizione delle lune, mentre per gli deepskyobjekten si tratta di luminosità, forma e struttura. Schizzi o fotografie completano la descrizione e aiutano a catturare dettagli che sono difficili da esprimere solo a parole. Un osservatore che, ad esempio, osserva la Galassia di Andromeda (M31), annota accanto ai dati generali la luminosità del nucleo, l'estensione dei bracci a spirale e eventuali galassie compagne visibili. La documentazione dell'ingrandimento utilizzato al telescopio consente una valutazione realistica della precisione dei dettagli. La raccolta sistematica di queste informazioni in un formato standardizzato facilita l'analisi successiva e il confronto con altre osservazioni, ad esempio per monitorare le variazioni nella luminosità di una stella variabile o documentare il movimento di una cometa. Strumenti digitali, come programmi di fogli di calcolo o software astronomici specializzati, sono utili per organizzare e analizzare i dati. Consentono di ordinare e filtrare in base a vari criteri e possono eseguire calcoli per determinare, ad esempio, la luminosità apparente di una stella o calcolare l'orbita di un oggetto. Documentando con cura tutti i parametri rilevanti, le vostre osservazioni acquisiscono valore scientifico e contribuiscono alla comprensione del cosmo. Un registro strutturato vi aiuta anche a migliorare i vostri metodi di osservazione e a perfezionare le vostre abilità nell'uso degli strumenti. In questo modo, potete sfruttare al meglio le capacità del vostro equipaggiamento e portare le vostre osservazioni a un nuovo livello.

Distribuzione dei tipi di osservazione spaziale

Ripartizione dei metodi di osservazione astronomica.

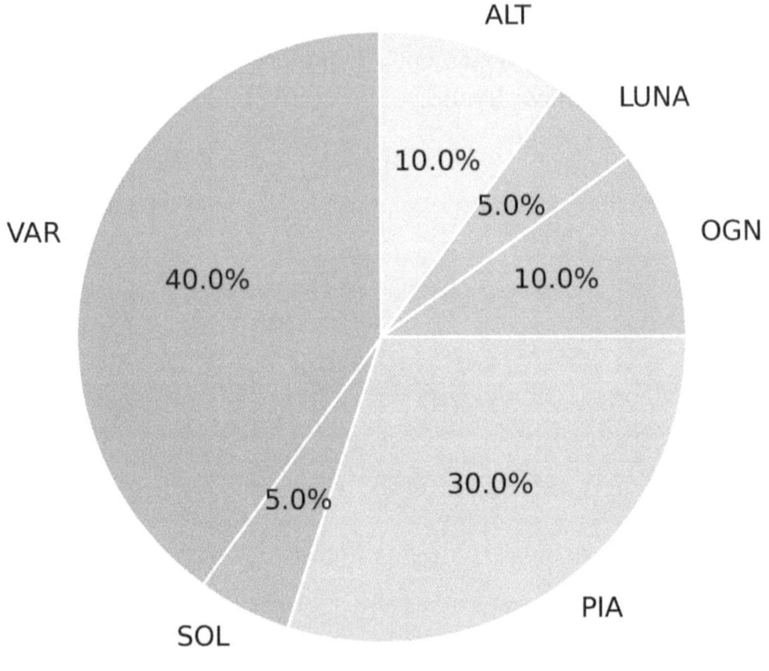

ALT: Altri

LUNA: Lunare

OGN: Oggetti del profondo cielo

PIA: Planetario

SOL: Solare

VAR: Stelle variabili

La maggior parte delle osservazioni si concentra su oggetti del cielo profondo, indicando un forte interesse nell'esplorazione di galassie, nebulose e ammassi stellari. Le osservazioni planetarie detengono una quota significativa, riflettendo la ricerca in corso sul nostro sistema solare e gli esopianeti. Sebbene in percentuale minore, l'attenzione dedicata alle osservazioni di stelle variabili evidenzia la loro importanza nella comprensione dell'evoluzione stellare e delle distanze cosmiche. La distribuzione uniforme tra le altre categorie suggerisce diversi interessi di ricerca tra i vari fenomeni astronomici.

Consigli concreti

- Utilizza l'atlante spaziale per determinare le coordinate di un oggetto celeste e allinea il tuo telescopio con precisione.
- Pianifica una notte di osservazione controllando la visibilità di pianeti, nebulose e galassie per la tua posizione e l'orario nell'atlante spaziale.
- Crea una mappa stellare personale con l'atlante spaziale che contenga solo gli oggetti che puoi osservare con il tuo telescopio.
- Segui l'orbita di una cometa utilizzando l'atlante spaziale e calcola il momento del suo massimo avvicinamento alla Terra.
- Confronta la rappresentazione delle costellazioni in diverse culture esaminando le loro posizioni e denominazioni nell'atlante spaziale.
- Utilizza l'atlante spaziale per determinare il momento ottimale per osservare le piogge di meteore e segna il radiante nella tua mappa stellare.
- Crea un'animazione del movimento apparente degli oggetti celesti su un periodo prolungato, basata sui dati dell'atlante spaziale.
- Utilizza l'atlante spaziale per simulare gli effetti dell'inquinamento luminoso sulla visibilità degli oggetti celesti nella tua posizione.
- Confronta le informazioni di diversi atlanti spaziali riguardo alle caratteristiche di un determinato oggetto e analizza le differenze.
- Sviluppa un tuo progetto di osservazione in cui utilizzi l'atlante spaziale come strumento centrale per la pianificazione e la documentazione.
- Utilizza l'atlante spaziale per ripercorrere la storia dell'astronomia e dell'esplorazione spaziale attraverso mappe celesti storiche e dati delle missioni.

5. 3 Esplorare l'infinito

Esplorare i confini dell'universo significa confrontarsi con la sua espansione, la curvatura dello spazio e il concetto di dimensioni superiori. La misurazione del tasso di espansione attraverso supernovae e cronometri cosmici fornisce informazioni sull'età, la composizione e il destino dell'universo. Allo stesso tempo, la visualizzazione delle dimensioni superiori rappresenta una sfida per la nostra percezione tridimensionale. Questo capitolo offre approcci pratici per comprendere questi concetti complessi e ampliare i confini della nostra immaginazione.

La ricerca dell'universo, dalla sua espansione alla curvatura dello spazio, richiede non solo strumenti potenti, ma anche la capacità di ampliare la nostra percezione tridimensionale e di pensare oltre i confini della nostra esperienza quotidiana.

Misurare gli effetti dell'espansione

L'espansione dell'universo può essere misurata attraverso diversi metodi che si basano sulla relazione tra distanza e redshift degli oggetti astronomici [s33]. Il redshift, uno spostamento delle linee spettrali verso l'estremità rossa dello spettro, è interpretato come un allungamento delle onde luminose a causa dell'espansione dello spazio. Così, la distanza di una galassia è proporzionale al suo redshift: più una galassia è lontana, maggiore è il suo redshift e più velocemente sembra allontanarsi da noi [s33]. La costante di proporzionalità in questa relazione, la costante di Hubble, descrive il tasso attuale di espansione dell'universo ed è direttamente collegata all'età dell'universo. La misurazione della storia dell'espansione richiede determinazioni di distanza precise. In passato si utilizzavano cepheidi, stelle pulsanti con luminosità nota, come "candele standard" [s33]. Oggi si utilizzano supernovae di tipo Ia, esplosioni di stelle nane bianche che servono come indicatori di distanza affidabili su grandi distanze [s33]. L'osservazione di queste supernovae a elevati redshift consente di determinare il tasso di espansione nel passato [s34]. La dilatazione temporale – l'allungamento del tempo in un sistema in rapido movimento – nelle supernovae lontane conferma l'interpretazione del redshift come conseguenza dell'espansione [s33]. L'analisi della storia dell'espansione fornisce informazioni importanti sulla composizione e sul destino dell'universo. Le misurazioni del tasso di espansione mostrano che l'espansione si è accelerata negli ultimi miliardi di anni [s33] [s34]. Questa accelerazione è attribuita a una misteriosa "energia oscura" che costituisce circa il 70% della densità energetica dell'universo. Combinando i dati delle supernovae con le misurazioni della kosmischen_mikrowellenhintergrundstrahlung – il bagliore residuo del Big Bang – possiamo determinare con maggiore precisione la densità di materia e di energia oscura [s34]. La misurazione delle variazioni del tasso di espansione aiuta a determinare la densità di massa e la geometria dello spazio [s34]. Così possiamo effettuare misurazioni precise del tasso di espansione a elevati redshift analizzando esplosioni in galassie lontane che mostrano una bassa dispersione di luminosità intrinseca [s34]. Un altro metodo per misurare l'espansione dell'universo è il metodo dei cronometri cosmici [s35]. Questo metodo analizza le differenze di età di galassie massicce e in evoluzione passiva in diversi intervalli di redshift. La selezione di un campione omogeneo e sincronizzato di galassie è fondamentale per creare una relazione età-redshift che rifletta la tendenza di età dell'universo [s35]. Questo metodo fornisce stime dirette del parametro di Hubble e conferma i risultati di altri metodi di misurazione.

Utile sapere

Costante di Hubble

La costante di Hubble è una misura del tasso attuale di espansione dell'universo. Indica quanto velocemente aumenta la velocità con cui le galassie si allontanano da noi con l'aumentare della distanza. La costante di Hubble è un parametro chiave per determinare l'età e l'evoluzione dell'universo.

Parametro di Hubble

Il parametro di Hubble è una misura del tasso di espansione dell'universo in un dato momento. A differenza della costante di Hubble, che descrive il tasso di espansione *attuale*, il parametro di Hubble può variare nel tempo.

Redshift

Il redshift è un fenomeno in cui la luce degli oggetti che si allontanano da noi viene spostata verso l'estremità rossa dello spettro luminoso. Si verifica a causa dell'allungamento delle onde luminose dovuto all'espansione dell'universo e serve come indicatore della velocità con cui gli oggetti si allontanano da noi. Maggiore è il redshift, più velocemente si allontana l'oggetto e più lontano è.

Espansione dell'Universo

Correlazione tra distanza e velocità di recessione delle galassie.

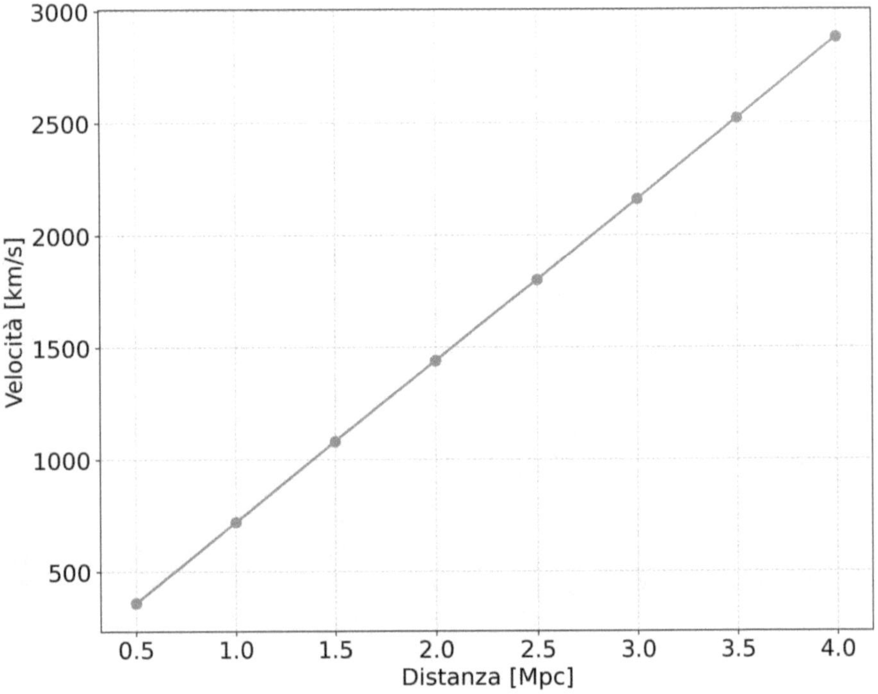

Il grafico dimostra chiaramente una relazione lineare tra la distanza delle galassie dalla Terra e la loro velocità di recessione. Ciò supporta la teoria di un universo in espansione, dove gli oggetti più lontani si allontanano da noi a una velocità maggiore. La pendenza della linea rappresenta la costante di Hubble, che quantifica il tasso di espansione.

Dimostrare la curvatura dello spazio

La curvatura dello spazio, un'affermazione centrale della teoria della relatività generale, può essere verificata attraverso diverse osservazioni. Gli oggetti massicci deformano lo spaziotempo, il che si manifesta nell'gravitationslinseneffekt. I raggi di luce che passano vicino a oggetti massicci vengono deviati, proprio come la luce viene rifratta da una lente. Questo effetto può essere dimostrato osservando gli ammassi di galassie: la luce delle galassie di sfondo viene distorta dall'ammasso massiccio e appare in immagini multiple e arcuate. L'intensità di questa distorsione consente di trarre conclusioni sulla massa dell'ammasso e sulla curvatura dello spazio nei suoi dintorni. L'analisi precisa delle immagini delle galassie di sfondo distorte da un ammasso di galassie potrebbe, ad esempio, fornire informazioni sulla distribuzione della massa nell'ammasso e sulla curvatura dello spazio ad essa associata [s36]. Un ulteriore indizio sulla curvatura dello spazio è fornito dal gravitationsrotverschiebung. I fotoni che sfuggono a un forte campo gravitazionale perdono energia e la loro lunghezza d'onda si sposta verso l'estremità rossa dello spettro. Questo effetto è stato confermato sperimentalmente e supporta l'idea di uno spaziotempo curvo. La misurazione precisa di questo redshift nelle stelle vicine a buchi neri massicci può determinare l'intensità del campo gravitazionale e la curvatura dello spazio ad esso associata. L'indagine sulla curvatura dello spazio fornisce non solo importanti informazioni sulla natura della gravità, ma anche sulla composizione dell'universo. Le discrepanze osservate tra il tasso di espansione previsto e quello misurato dell'universo, così come le difficoltà nella rilevazione diretta della materia oscura e dell'energia oscura, potrebbero essere spiegate da una reinterpretazione delle equazioni di campo della teoria della relatività generale [s36]. Questa reinterpretazione potrebbe fornire nuove intuizioni sulle proprietà dello spaziotempo e sulla distribuzione di materia ed energia nell'universo. L'esplorazione della curvatura dello

spazio è quindi strettamente legata alla ricerca di una teoria complessiva della cosmologia.

Cosmologia [i73]

Utile sapere

Cosmologia

La cosmologia è la scienza che studia l'origine, lo sviluppo e la struttura dell'universo nel suo insieme. Si occupa di domande fondamentali come l'espansione dell'universo e la natura della materia oscura e dell'energia oscura.

Equazioni di campo

Le equazioni di campo della teoria della relatività generale descrivono la relazione tra la distribuzione di massa ed energia e la curvatura dello spaziotempo. Formano la base per il calcolo dei campi gravitazionali e la previsione di fenomeni come l'effetto lente gravitazionale e il redshift gravitazionale.

Curvatura dello Spaziotempo

Correlazione tra massa, distanza e curvatura dello spaziotempo.

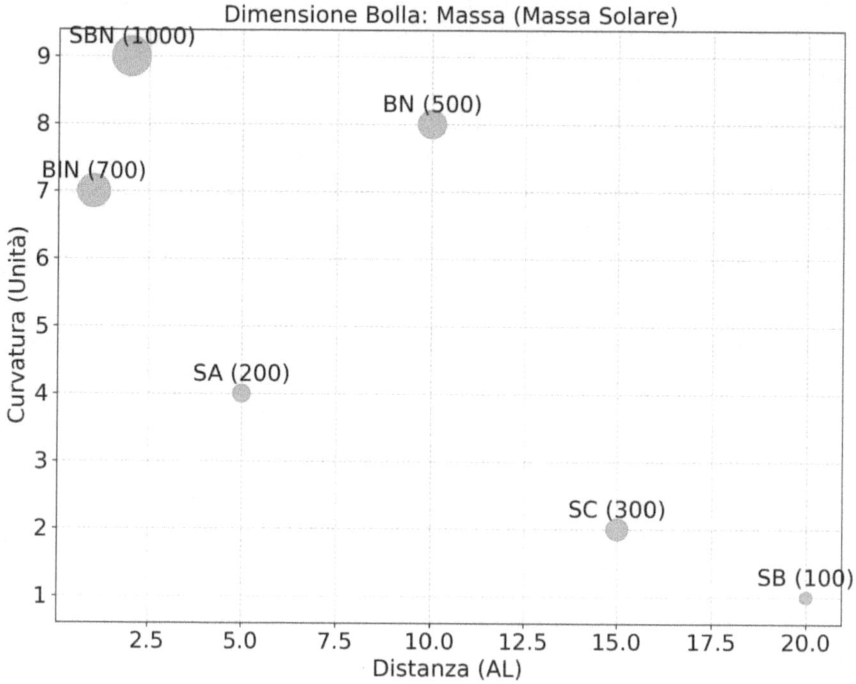

Blasengröße: Massa (Massa Solare)

BIN: Buco Nero Intermedio

BN: Buco Nero

SA: Stella A

SB: Stella B

SBN: Buco Nero Supermassiccio

SC: Stella C

Masse maggiori causano una maggiore curvatura dello spaziotempo, specialmente a distanze più ravvicinate. Gli oggetti a una distanza maggiore, anche con una massa significativa, mostrano una minore influenza sulla curvatura. Ciò suggerisce che l'impatto della massa sullo spaziotempo diminuisce con la distanza.

Visualizzare le dimensioni

Visualizzare le dimensioni, al di là della nostra consueta percezione tridimensionale, rappresenta una sfida cognitiva. Mentre percepiamo intuitivamente lunghezza, larghezza e altezza, dimensioni superiori sfuggono alla nostra esperienza diretta. Tuttavia, ci sono approcci per rendere questi concetti complessi più comprensibili. Un modo è attraverso l'analogia. Consideriamo un punto. Questo non ha estensione e rappresenta la dimensione zero. Muoviamo questo punto lungo una linea, generiamo la prima dimensione – la lunghezza. Spostiamo la linea perpendicolarmente alla sua direzione, otteniamo una superficie, la seconda dimensione con lunghezza e larghezza. Un ulteriore spostamento, questa volta perpendicolare alla superficie, ci porta nello spazio tridimensionale che viviamo quotidianamente. Per illustrare la quarta dimensione, possiamo continuare mentalmente questo processo, spostando lo spazio tridimensionale perpendicolarmente a tutti i suoi assi. Il risultato di questa operazione non può più essere rappresentato nel nostro spazio tridimensionale, ma l'analogia aiuta a comprendere il principio dell'espansione dimensionale. Un altro approccio per visualizzare dimensioni superiori utilizza proiezioni e sezioni. Un cubo tridimensionale, proiettato su un piano bidimensionale, appare come un quadrato o, a seconda dell'angolo di proiezione, come una forma più complessa. Analogamente, possiamo immaginare che un iper-cubo quadridimensionale, proiettato nel nostro spazio tridimensionale, appaia come un cubo all'interno di un cubo, con gli angoli corrispondenti connessi tra loro. Se tagliamo un cubo tridimensionale con un piano, otteniamo diverse figure bidimensionali – quadrati, triangoli o esagoni, a seconda della direzione del taglio. Allo stesso modo, un iper-cubo quadridimensionale potrebbe essere "tagliato" attraverso il nostro spazio tridimensionale, dove il corpo del taglio potrebbe rappresentare un cubo tridimensionale o altre forme complesse. L'osservazione di tali proiezioni e sezioni, realizzate tramite modelli computerizzati o disegni, può contribuire a comprendere almeno parzialmente la struttura di oggetti di dimensioni superiori. Un altro aspetto che può essere utile nella visualizzazione delle dimensioni è la descrizione matematica. La posizione di un punto nello spazio tridimensionale è determinata da tre coordinate (x, y, z). Nella quarta dimensione, abbiamo bisogno di una coordinata aggiuntiva (w) per determinare univocamente la posizione di un punto. Anche se non possiamo immaginare direttamente lo spazio definito da queste quattro coordinate, possiamo operare matematicamente con esso ed esplorarne le proprietà. Ad esempio, possiamo calcolare distanze e angoli in dimensioni superiori, anche se non sono accessibili alla nostra intuizione. L'approccio alla matematica delle dimensioni superiori apre nuove prospettive sulle relazioni geometriche. Ad esempio, in quattro dimensioni ci sono sei poliedri regolari poliedri, che sono analoghi ai corpi platonici nello spazio tridimensionale. Questi oggetti possiedono proprietà affascinanti che possono essere esplorate con strumenti matematici, anche se la loro completa visualizzazione nel nostro spazio tridimensionale non è possibile. L'impegno con tali concetti matematici può ampliare la nostra comprensione dello spazio e delle dimensioni e aiutarci a superare i limiti della nostra percezione tridimensionale. Un consiglio pratico per avvicinarsi a dimensioni superiori è iniziare con dimensioni inferiori e aumentare gradualmente la complessità. Disegnate un punto, una linea, un quadrato e un cubo. Cercate di comprendere le relazioni tra questi oggetti e come emergono aggiungendo una dimensione in più. Successivamente, costruite la proiezione di un cubo su un piano e visualizzate diverse sezioni attraverso il cubo. Questo esercizio può aiutarvi a interiorizzare i principi dell'espansione dimensionale e a esplorare gradualmente l'idea di dimensioni superiori. Nel passo successivo, potreste provare a disegnare le reti di oggetti quadridimensionali e immaginare come si piegherebbero nello spazio quadridimensionale. Anche se la completa visualizzazione di questi oggetti è difficile, l'impegno con le loro proiezioni e reti può fornire una comprensione più profonda della loro struttura.

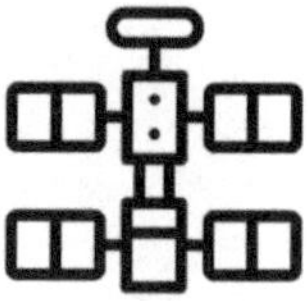

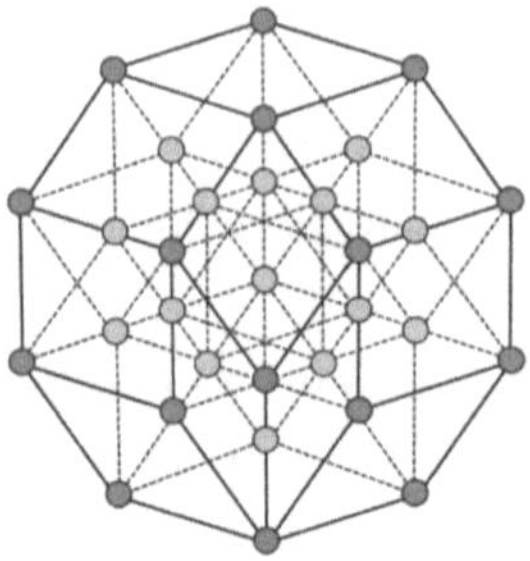

Ipercubo [i74]

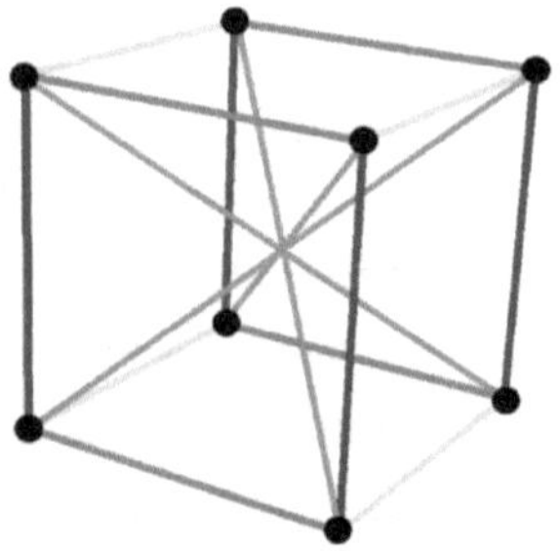

Politopo [i75]

Utile sapere

Iper-cubo

Un iper-cubo è un analogo quadridimensionale di un cubo. Ha 16 angoli, 32 spigoli, 24 facce e 8 celle tridimensionali, che sono ciascuna cubi. La sua proiezione nello spazio tridimensionale può essere rappresentata come due cubi intersecati, le cui corrispondenti angoli sono connessi.

Poliedro

I poliedri sono la generalizzazione di poligoni e poliedri a dimensioni superiori. Un poliedro quadridimensionale è anche chiamato polichoro. Nelle quattro dimensioni ci sono sei poliedri convessi regolari, analoghi ai cinque corpi platonici nelle tre dimensioni.

Proiezione

Una proiezione è l'immagine di un oggetto da uno spazio di dimensione superiore su uno spazio di dimensione inferiore. In questo processo, si perdono informazioni sull'estensione spaziale nelle dimensioni non rappresentate. La proiezione di un oggetto quadridimensionale nello spazio tridimensionale può aiutare a visualizzarne la struttura, anche se l'informazione completa sulla sua forma non viene mantenuta.

Scala Cosmica

Confronto delle dimensioni nell'universo

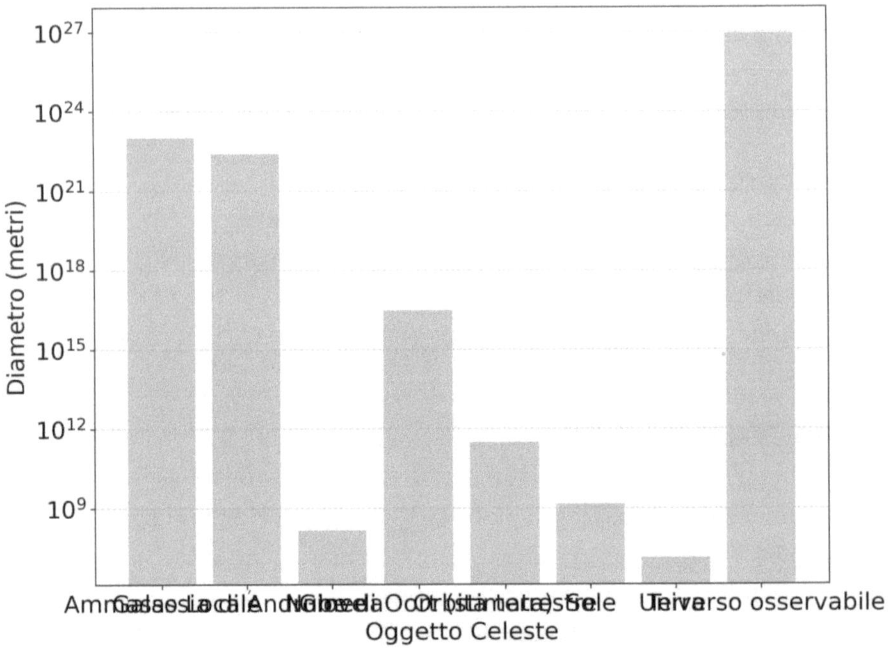

And: Galassia di Andromeda	Gio: Giove
Loc: Ammasso Locale	Noo: Nube di Oort (stimata)
Orb: Orbita terrestre	Sol: Sole
Ter: Terra	Uno: Universo osservabile

Questo grafico mostra visivamente le enormi differenze di scala nell'universo. Dalla Terra e dal Sole relativamente piccoli, le magnitudini aumentano esponenzialmente man mano che ci spostiamo verso strutture più grandi come le galassie e gli ammassi di galassie. L'universo osservabile sminuisce anche queste enormi strutture, evidenziando la scala veramente incomprensibile del cosmo.

Consigli concreti

- Immaginate di viaggiare alla velocità della luce: quali oggetti cosmici raggiungereste per primi e come apparirebbero da vicino?
- Sviluppate un esperimento mentale: come potrebbero le generazioni future utilizzare la curvatura dello spaziotempo per viaggiare più veloci della luce?
- Progettate un ipotetico sistema di propulsione per un'astronave che sfrutta l'energia dei buchi neri per esplorare l'infinito.
- Considerate come la scoperta di una struttura di dimensioni superiori nell'universo cambierebbe la nostra concezione di spazio e tempo.
- Bozzate un concetto per una stazione di ricerca situata su un asteroide che esplora le profondità dello spazio.
- Sviluppate una strategia per comunicare con una civiltà extraterrestre che vive in un altro sistema stellare.
- Immaginate di poter viaggiare attraverso un wormhole: quali regioni dell'universo esplorereste e quali pericoli potrebbero nascondersi?
- Progettate un esperimento che verifichi la possibilità di universi paralleli attraverso osservazioni astronomiche.
- Pensate a come potremmo utilizzare le risorse della fascia degli asteroidi per consentire l'esplorazione dell'infinito.
- Sviluppate un concetto per un telescopio in grado di osservare le prime stelle dopo il Big Bang.
- Immaginate di poter rallentare il tempo: quali eventi cosmici osservereste e quali scoperte potreste fare?
- Progettate un programma educativo che avvicini i bambini alla fascinazione per i viaggi spaziali e all'infinito del cosmo.

Revisione - 5. Esplorazione spaziale e cosmo

La ricerca del cosmo inizia spesso con il desiderio di osservare e documentare le meraviglie del cielo notturno. Dallo sguardo semplice verso la Stazione Spaziale Internazionale (ISS) fino all'analisi complessa dell'espansione dell'universo, l'astronomia amatoriale offre possibilità affascinanti. "Spazio e Cosmo: L'atlante pratico dello spazio per astronomi amatoriali" fornisce fondamentali preziosi. Ma come si possono mettere in pratica queste informazioni? Questo testo offre raccomandazioni concrete e vi guida attraverso le sfide dell'osservazione del cielo.

Innanzitutto, dovreste familiarizzare con gli strumenti disponibili per calcolare i passaggi dei satelliti. Siti web e app offrono previsioni precise che tengono conto della vostra posizione e dei satelliti desiderati. Fate attenzione all'elevazione, che vi indica quanto in alto appare il satellite sopra l'orizzonte. Valori bassi significano che il satellite potrebbe essere coperto da edifici o alberi. Pianificate la vostra osservazione per un momento con alta elevazione e controllate le previsioni meteorologiche: le nuvole possono compromettere notevolmente la vostra visibilità. La luminosità (magnitudine) indica quanto bene è visibile il satellite. Valori negativi significano alta luminosità. Ad esempio, l'ISS raggiunge spesso una magnitudine di -4, risultando più luminosa della maggior parte delle stelle.

Il tracciamento delle orbite dei satelliti in tempo reale richiede sistemi di tracciamento specializzati. Questi utilizzano sensori e servomotori per determinare con precisione la posizione del satellite nel cielo e allineare automaticamente i vostri strumenti di osservazione, come telescopi. Anche la scelta del luogo di osservazione gioca un ruolo importante. Cercate un luogo con vista libera verso il cielo, lontano da fonti di luce disturbanti. Tenete presente che le condizioni atmosferiche e l'effetto Doppler possono influenzare le misurazioni. I futuri sistemi di tracciamento potrebbero utilizzare tecniche di intelligenza artificiale per compensare questi effetti e migliorare ulteriormente la precisione delle previsioni.

La documentazione delle vostre osservazioni è essenziale. Per l'astrofotografia, avrete bisogno di una fotocamera con impostazioni manuali, un treppiede stabile e idealmente un inseguimento motorizzato. Sperimentate con il tempo di esposizione, l'apertura e il valore ISO per ottenere la qualità dell'immagine ottimale. Tempi di esposizione lunghi consentono di rappresentare il percorso del satellite come una traccia luminosa nel cielo stellato. Tempi di esposizione più brevi catturano il satellite come un punto. Dopo il passaggio, potete modificare le vostre foto e unirle in un video in time-lapse. Documentate accuratamente le vostre riprese con metadati come data, ora e impostazioni della fotocamera.

L'applicazione di sistemi di coordinate è fondamentale per localizzare con precisione gli oggetti celesti. Il sistema di coordinate equatoriale, basato su ascensione retta e declinazione, è ampiamente utilizzato. Il sistema di coordinate galattico si riferisce alla Via Lattea. La conoscenza di questi sistemi consente di navigare nell'atlante spaziale e di seguire i movimenti degli oggetti. La catalogazione degli oggetti celesti, supportata da spettroscopia e astrometria, amplia la nostra conoscenza dell'universo. Tenete registri dettagliati delle osservazioni per documentare le vostre scoperte e confrontarle con altri dati. Utilizzate strumenti digitali per organizzare e analizzare i vostri dati. La misurazione degli effetti di espansione e la dimostrazione della curvatura dello spazio sono temi complessi che richiedono una comprensione più profonda della cosmologia. La visualizzazione di dimensioni superiori rappresenta una sfida cognitiva, ma analogie, proiezioni e descrizioni matematiche possono aiutare a rendere questi concetti più tangibili.

L'esplorazione del cosmo è un viaggio pieno di sfide e scoperte. Con gli strumenti giusti, un approccio sistematico e una dose di pazienza, anche voi potete esplorare i segreti dell'universo e approfondire la vostra passione per l'astronomia. Lasciatevi ispirare dalle infinite distese dello spazio e iniziate il vostro viaggio di scoperta!

Offerte aggiuntive gratuite in programma

Siamo lieti di potervi offrire in futuro materiali supplementari gratuiti per questo libro:

- Un capitolo bonus esclusivo con contenuti aggiuntivi
- Un riassunto compatto dell'intero libro in formato PDF
- Una versione radiodrammatica (In Programma)

La pubblicazione di questi materiali è prevista per 2025.
Vi invitiamo a visitare il nostro sito web già da oggi. Non appena il nostro servizio newsletter sarà attivo (previsto per 2025), potrete registrarvi per ricevere aggiornamenti e non perdere alcuna novità sulle offerte aggiuntive gratuite.

www.SaageBooks.com/it/scopri_luniverso-bonus-SVZTFQ

Cari lettori,

Siamo profondamente onorati che abbiate dedicato del tempo a leggere il nostro libro dall'inizio alla fine. Il nostro più grande desiderio è fornirvi preziose intuizioni e una guida pratica. La vostra fiducia nel nostro lavoro significa molto per noi. Speriamo che la lettura sia stata arricchente per voi. Se avete domande o suggerimenti, non esitate a contattarci attraverso il nostro sito web.

Se avete apprezzato questo libro, gradiremmo molto una recensione onesta. Potete facilmente lasciare la vostra valutazione onesta sulla piattaforma di vendita dove avete acquistato il libro.
Grazie per il vostro supporto!

Bendis Saage

Saage Media GmbH - Squadra

www.SaageBooks.com/it

Scopri di più! Il nostro sito web editoriale ti offre una vasta selezione di libri aggiuntivi. Oltre ai contenuti gratuiti e ai materiali bonus esclusivi, troverai anche informazioni approfondite sulle nostre opere. Sfoglia la nostra vasta offerta digitale e lasciati ispirare da ulteriori esperienze di lettura.

www.SaageBooks.com/it

Fonti

I nostri sinceri ringraziamenti vanno a tutti gli autori delle fonti scientifiche e non scientifiche citate, ai gestori dei siti web referenziati e ai creatori delle immagini, grafiche e studi utilizzati, il cui prezioso lavoro ha contribuito alla creazione di questo libro.
Per ulteriori informazioni, ti consigliamo di visitare i siti web delle fonti.
Se riscontri errori di mappatura o altre incongruenze, ti preghiamo di contattarci.

Tutte le fonti sono state consultate l'ultima volta il: 2025-02-12

[s1] - https://www.mdpi.com/2072-4292/7/1/24

Autore:	Fulong Chen, Nicola Masini, Ruixia Yang, Pietro Milillo, Dexian Feng, Rosa Lasaponara	**Titolo:**	A Space View of Radar Archaeological Marks: First Applications of COSMO-SkyMed X-Band Data
di:	Multidisciplinary Digital Publishing Institute	**DOI:**	10.3390/rs70100024
Data:	2014-12-23	**Editore:**	Multidisciplinary Digital Publishing Institute

[s2] - https://dx.doi.org/10.14586/astroedu/1648

Autore:	Markus Nielbock (Haus der Astronomie)	**Titolo:**	Navigate like a Viking – Use the Sun, not your phone!
di:	astroEDU	**DOI:**	10.14586/astroedu/1648
Data:	2018-05-03	**Sito web:**	astroEDU

[s3] - https://www.mdpi.com/2313-7673/9/7/375

Autore:	Yiting Tao, Asanka Perera, Samuel Teague, Timothy McIntyre, Eric Warrant, Javaan Chahl	**Titolo:**	Computer Vision Techniques Demonstrate Robust Orientation Measurement of the Milky Way Despite Image Motion
di:	Multidisciplinary Digital Publishing Institute	**DOI:**	10.3390/biomimetics9070375
Data:	2024-06-21	**Sito web:**	MDPI
Editore:	Multidisciplinary Digital Publishing Institute		

[s4] - https://www.mdpi.com/1424-8220/23/10/4869

Autore:	Joshua J. R. Critchley-Marrows, Daniele Mortari	**Titolo:**	A Return to the Sextant—Maritime Navigation Using Celestial Bodies and the Horizon
di:	Multidisciplinary Digital Publishing Institute	**DOI:**	10.3390/s23104869
Data:	2023-05-18	**Sito web:**	MDPI
Editore:	Multidisciplinary Digital Publishing Institute		

[s5] - https://www.mdpi.com/2504-446X/8/11/652

Autore:	Samuel Teague, Javaan Chahl	**Titolo:**	An Algorithm for Affordable Vision-Based GNSS-Denied Strapdown Celestial Navigation
di:	Multidisciplinary Digital Publishing Institute	**DOI:**	10.3390/drones8110652
Data:	2024-11-07	**Sito web:**	MDPI
Editore:	Multidisciplinary Digital Publishing Institute		

[s6] - https://pmc.ncbi.nlm.nih.gov/articles/PMC5805938/

Autore:	James J Foster, Jochen Smolka, Dan-Eric Nilsson, Marie Dacke	**Titolo:**	How animals follow the stars
di:	Department of Biology, Lund University, Sölvegatan 35, Lund 223 62, Sweden	**DOI:**	10.1098/rspb.2017.2322
Data:	2018 Jan 24	**Sito web:**	PubMed Central (PMC)
Editore:	Proceedings of the Royal Society B: Biological Sciences		

[s7] - https://dx.doi.org/10.14586/astroedu/1645

Autore:	Markus Nielbock (Haus der Astronomie)	**Titolo:**	Navigation in the ancient Mediterranean and beyond
di:	astroEDU	**DOI:**	10.14586/astroedu/1645
Data:	2017-07-28	**Sito web:**	astroEDU

[s8] - https://pmc.ncbi.nlm.nih.gov/articles/PMC5805938/

Autore:	James J Foster, Jochen Smolka, Dan-Eric Nilsson, Marie Dacke	**Titolo:**	How animals follow the stars
di:	Department of Biology, Lund University	**DOI:**	10.1098/rspb.2017.2322
Data:	2018 Jan 24	**Sito web:**	PubMed Central (PMC)
Editore:	Proceedings of the Royal Society B: Biological Sciences		

[s9] - https://www.mdpi.com/2075-471X/11/2/26

Autore:	Ciara Finnegan	**Titolo:**	Indigenous Interests in Outer Space: Addressing the Conflict of Increasing Satellite Numbers with Indigenous Astronomy Practices
di:	Multidisciplinary Digital Publishing Institute	**DOI:**	10.3390/laws11020026
Data:	2022-03-22	**Sito web:**	mdpi.com
Editore:	Multidisciplinary Digital Publishing Institute		

[s10] - https://www.mdpi.com/2304-6732/11/9/873

Autore:	Muhammad A. Butt	**Titolo:**	A Comprehensive Exploration of Contemporary Photonic Devices in Space Exploration: A Review
di:	Multidisciplinary Digital Publishing Institute	**DOI:**	10.3390/photonics11090873
Data:	2024-09-18	**Sito web:**	MDPI
Editore:	Multidisciplinary Digital Publishing Institute		

[s11] - https://www.mdpi.com/2571-9408/4/4/211

Autore:	Kyriakos Efstathiou, Marianna Efstathiou, Alexandros Basiakoulis, Neofytos Kokkinos	**Titolo:**	The Antikythera Mechanism: The Prove of the Accuracy of the Astronomical Calculations Based on It
di:	Multidisciplinary Digital Publishing Institute	**DOI:**	10.3390/heritage4040211
Data:	2021-10-21	**Sito web:**	MDPI
Editore:	Multidisciplinary Digital Publishing Institute		

[s12] - https://dx.doi.org/10.37282/991819.22.41

Autore:	Casey Papovich	**Titolo:**	A First Year of Discovery | Casey Papovich | Inference
di:	Inference	**DOI:**	10.37282/991819.22.41
Data:	2022-07-08	**Sito web:**	Inference
Editore:	Inference		

[s13] - https://dx.doi.org/10.37282/991819.22.41

Autore:	Casey Papovich	**Titolo:**	A First Year of Discovery
di:	Inference	**DOI:**	10.37282/991819.22.41
Data:	2022-07-08	**Sito web:**	Inference
Editore:	Inference		

[s14] - https://pmc.ncbi.nlm.nih.gov/articles/PMC10424525/

Autore:	Hugo A van den Berg	**Titolo:**	Beholding the cosmos: Huygens' Cosmotheoros and the latter-day Copernicans
di:	University of Warwick	**DOI:**	10.1177/0036850419872918
Data:	2019 Aug 26	**Sito web:**	PubMed Central (PMC)
Editore:	Science Progress		

[s15] - https://pmc.ncbi.nlm.nih.gov/articles/PMC7658778/

Autore:	L N Fletcher, A A Simon, M D Hofstadter, C S Arridge, Ian J Cohen, A Masters, K Mandt, A Coustenis	**Titolo:**	Ice giant system exploration in the 2020s: an introduction
DOI:	10.1098/rsta.2019.0473	**Data:**	2020 Nov 9
Sito web:	PubMed Central (PMC)		

[s16] - https://pmc.ncbi.nlm.nih.gov/articles/PMC9649581/

Autore:	Charlotte Goetz, Etienne Behar, Arnaud Beth, Dennis Bodewits, Steve Bromley, Jim Burch, Jan Deca, Andrey Divin, Anders I Eriksson, Paul D Feldman, Marina Galand, Herbert Gunell, Pierre Henri, Kevin Heritier, Geraint H Jones, Kathleen E Mandt, Hans Nilsson, John W Noonan, Elias Odelstad, Joel W Parker, Martin Rubin, Cyril Simon Wedlund, Peter Stephenson, Matthew G G T Taylor, Erik Vigren, Sarah K Vines, Martin Volwerk	**Titolo:**	The Plasma Environment of Comet 67P/Churyumov-Gerasimenko
DOI:	10.1007/s11214-022-00931-1	**Data:**	2022 Nov 10
Sito web:	PubMed Central (PMC)	**Editore:**	Space Science Reviews

[s17] - https://dx.doi.org/10.1051/0004-6361/201527295

Autore:	I. G. Usoskin, Y. Gallet, F. Lopes, G. A. Kovaltsov, G. Hulot	**Titolo:**	Solar activity during the Holocene: the Hallstatt cycle and its consequence for grand minima and maxima
DOI:	10.1051/0004-6361/201527295	**Data:**	2016/03/04
Sito web:	Astronomy & Astrophysics (A&A)	**Editore:**	EDP Sciences

[s18] - https://dx.doi.org/doi:10.1051/0004-6361:20077704

Autore:	I. G. Usoskin, S. K. Solanki, G. A. Kovaltsov	**Titolo:**	Grand minima and maxima of solar activity: new observational constraints
di:	Astronomy & Astrophysics (A&A)	**DOI:**	10.1051/0004-6361:20077704
Data:	2007/06/06	**Sito web:**	www.aanda.org
Editore:	EDP Sciences		

[s19] - https://www.mdpi.com/2218-1997/6/1/9

Autore:	Jorge L. Cervantes-Cota, Salvador Galindo-Uribarri, George F. Smoot	**Titolo:**	The Legacy of Einstein's Eclipse, Gravitational Lensing
di:	Multidisciplinary Digital Publishing Institute	**DOI:**	10.3390/universe6010009
Data:	2019-12-31	**Sito web:**	MDPI
Editore:	Multidisciplinary Digital Publishing Institute		

[s20] - https://www.mdpi.com/2218-1997/9/9/424

Autore:	Sergey L. Cherkas, Vladimir L. Kalashnikov	**Titolo:**	Rotational Curves of the Milky Way Galaxy and Andromeda Galaxy in Light of Vacuum Polarization around Eicheon
di:	Multidisciplinary Digital Publishing Institute	**DOI:**	10.3390/universe9090424
Data:	2023-09-21	**Sito web:**	MDPI
Editore:	Multidisciplinary Digital Publishing Institute		

[s21] - https://dx.doi.org/10.1051/0004-6361/201629991

Autore:	P. Tenjes, T. Tuvikene, A. Tamm, R. Kipper, E. Tempel	**Titolo:**	Spiral arms and disc stability in the Andromeda galaxy
di:	Astronomy & Astrophysics (A&A)	**DOI:**	10.1051/0004-6361/201629991
Data:	2017/03/24	**Sito web:**	www.aanda.org
Editore:	EDP Sciences		

[s22] - https://www.mdpi.com/2075-4434/6/4/142

Autore:	Valentina Vacca, Matteo Murgia, Federica Govoni, Torsten Enßlin, Niels Oppermann, Luigina Feretti, Gabriele Giovannini, Francesca Loi	**Titolo:**	Magnetic Fields in Galaxy Clusters and in the Large-Scale Structure of the Universe
di:	Multidisciplinary Digital Publishing Institute	**DOI:**	10.3390/galaxies6040142
Data:	2018-12-17	**Sito web:**	MDPI
Editore:	Multidisciplinary Digital Publishing Institute		

[s23] - https://dx.doi.org/10.1051/0004-6361/201116494

Autore:	W. A. Weidmann, R. Gamen	**Titolo:**	Central stars of planetary nebulae - II. New OB-type and emission-line stars
di:	Astronomy & Astrophysics (A&A)	**DOI:**	10.1051/0004-6361/201116494
Data:	2011/07/08	**Sito web:**	www.aanda.org
Editore:	EDP Sciences		

[s24] - https://dx.doi.org/10.1051/0004-6361/202141890

Autore:	Rebeca Galera-Rosillo, Antonio Mampaso, Romano L. M. Corradi, Jorge García-Rojas, Bruce Balick, David Jones, Karen B. Kwitter, Laura Magrini, Eva Villaver	**Titolo:**	On the most luminous planetary nebulae of M 31
DOI:	10.1051/0004-6361/202141890	**Data:**	2022/01/12
Sito web:	Astronomy & Astrophysics (A&A)	**Editore:**	EDP Sciences

[s25] - https://pubmed.ncbi.nlm.nih.gov/20686568/

Autore:	Hart M; Milton NM; Baranec C; Powell K; Stalcup T; McCarthy D; Kulesa C; Bendek E	**Titolo:**	A ground-layer adaptive optics system with multiple laser guide stars
DOI:	10.1038/nature09311	**Data:**	08/05/2010
Sito web:	PubMed	**Editore:**	Nature

[s26] - https://dx.doi.org/10.32388/E91Y8I

Autore:	Marcus Arvan, University of Tampa	**Titolo:**	Reinterpreting Relativity: Using the Equivalence Principle to Explain Away Cosmological Anomalies
DOI:	10.32388/E91Y8I	**Data:**	2023-09-26
Sito web:	Qeios		

[s27] - https://doi.org/10.1051/0004-6361:200809691

Autore:	A. Franceschini, G. Rodighiero, M. Vaccari	**Titolo:**	Extragalactic optical-infrared background radiation, its time evolution and the cosmic photon-photon opacity
di:	Astronomy & Astrophysics (A&A), EDP Sciences	**DOI:**	10.1051/0004-6361:200809691
Data:	2008/06/24	**Sito web:**	Astronomy & Astrophysics
Editore:	EDP Sciences		

[s28] - https://www.mdpi.com/2218-1997/8/5/282

Autore:	Andrey V. Bogomolov, Vitaliy V. Bogomolov, Anatoly F. Iyudin, Valery E. Eremeev, Vladimir V. Kalegaev, Irina N. Myagkova, Vladislav I. Osedlo, Vasiliy L. Petrov, Oleg Y. Peretjat'ko, Mikhail I. Prokhorov, Sergey I. Svertilov, Yury K. Zaiko, Ivan V. Yashin, Vitaliy Y. Prokop'ev, Aleksey S. Styuf, Sergey V. Krasnopeev, Aleksandr P. Papkov	**Titolo:**	Space Weather Effects from Observations by Moscow University Cubesat Constellation
di:	Moscow State University	**DOI:**	10.3390/universe8050282
Data:	2022-05-12	**Sito web:**	MDPI
Editore:	Multidisciplinary Digital Publishing Institute		

[s29] - https://www.mdpi.com/1424-8220/22/2/608

Autore:	Cameron Aume, Keith Andrews, Shantanu Pal, Alice James, Avishkar Seth, Subhas Mukhopadhyay	**Titolo:**	TrackInk: An IoT-Enabled Real-Time Object Tracking System in Space
di:	Multidisciplinary Digital Publishing Institute	**DOI:**	10.3390/s22020608
Data:	2022-01-13	**Sito web:**	mdpi.com
Editore:	Multidisciplinary Digital Publishing Institute		

[s30] - https://pmc.ncbi.nlm.nih.gov/articles/PMC11359901/

Autore:	Ekta Sharma, Ravinesh C Deo, Christopher P Davey, Brad D Carter	**Titolo:**	Artificial Intelligence-Empowered Doppler Weather Profile for Low-Earth-Orbit Satellites
di:	University of Southern Queensland; Centre for Astrophysics, University of Southern Queensland	**DOI:**	10.3390/s24165271
Data:	2024 Aug 14	**Sito web:**	PMC

[s31] - https://pmc.ncbi.nlm.nih.gov/articles/PMC11263374/

Autore:	Muhammad Tahir, Bu Yude, Tahir Mehmood, Saima Bashir, Yi Zhenping, Muhammad Awais	**Titolo:**	Classification of LAMOST spectra of B-type and hot subdwarf stars using kernel support vector machine
DOI:	10.1038/s41598-024-66687-6	**Data:**	2024 Jul 22
Sito web:	PubMed Central (PMC)	**Editore:**	Scientific Reports

[s32] - https://www.mdpi.com/2076-3417/12/7/3593

Autore:	Meiying Liu, Hu Wang, Hongwei Yi, Yaoke Xue, Desheng Wen, Feng Wang, Yang Shen, Yue Pan	**Titolo:**	Space Debris Detection and Positioning Technology Based on Multiple Star Trackers
di:	Multidisciplinary Digital Publishing Institute	**DOI:**	10.3390/app12073593
Data:	2022-04-01	**Sito web:**	mdpi.com
Editore:	Multidisciplinary Digital Publishing Institute		

[s33] - https://pmc.ncbi.nlm.nih.gov/articles/PMC314128/

Autore:	Robert P Kirshner	**Titolo:**	Hubble's diagram and cosmic expansion
di:	Harvard–Smithsonian Center for Astrophysics	**DOI:**	10.1073/pnas.2536799100
Data:	2003 Dec 26	**Sito web:**	PubMed Central (PMC)
Editore:	Proceedings of the National Academy of Sciences of the United States of America		

[s34] - https://pmc.ncbi.nlm.nih.gov/articles/PMC33557/

Autore:	Robert P Kirshner	**Titolo:**	Supernovae, an accelerating universe and the cosmological constant
di:	Harvard-Smithsonian Center for Astrophysics	**DOI:**	10.1073/pnas.96.8.4224
Data:	1999 Apr 13	**Sito web:**	PubMed Central (PMC)
Editore:	Proceedings of the National Academy of Sciences of the United States of America		

[s35] - https://dx.doi.org/10.1051/0004-6361/202346992

Autore:	E. Tomasetti, M. Moresco, N. Borghi, K. Jiao, A. Cimatti, L. Pozzetti, A. C. Carnall, R. J. McLure, L. Pentericci	**Titolo:**	A new measurement of the expansion history of the Universe at z = 1.26 with cosmic chronometers in VANDELS
di:	Astronomy & Astrophysics (A&A)	**DOI:**	10.1051/0004-6361/202346992
Data:	2023/11/15	**Sito web:**	aanda.org
Editore:	EDP Sciences		

[s36] - https://dx.doi.org/10.32388/E91Y8I

Autore:	Marcus Arvan	**Titolo:**	Reinterpreting Relativity: Using the Equivalence Principle to Explain Away Cosmological Anomalies
di:	University of Tampa	**DOI:**	10.32388/E91Y8I
Data:	2023-09-26	**Sito web:**	Qeios

Fonti delle immagini

Le immagini non elencate sono state create internamente o acquisite con licenza appropriata. Tutti i diritti sono riservati per queste immagini.

Per tutte le altre immagini elencate qui:
Nessuna delle immagini è stata modificata, è stata adattata solo la risoluzione. Nella versione eBook, le immagini sono state compilate in collage numerati. Tutte le immagini rimangono soggette alla loro licenza originale e vengono utilizzate secondo i rispettivi termini di licenza. Se riscontri errori di attribuzione o altre discrepanze, contattaci.

Data della revisione finale dell'immagine: 2025-02-12.

Licenza utilizzata

CC0 http://creativecommons.org/publicdomain/zero/1.0/deed.en

Crediti immagini

[i1] - 001_001_002_image_deepskyobjekte.jpeg
https://upload.wikimedia.org/wikipedia/commons/8/80/Orion_3008_huge_%28detail%29.jpg

Date:	2008-05-01	**di:**	Henrykus
Artista:	HeNRyKus	**License:**	Public domain

[i2] - 001_001_002_image_lichtverschmutzung.jpeg
https://upload.wikimedia.org/wikipedia/commons/e/e1/Earth%27s_City_Lights_by_DMSP%2C_1994-1995_%28large%29.jpg

Date:	between	**di:**	Tholme
Artista:	Data: Marc Imhoff/NASA GSFC, Christopher Elvidge/NOAA NGDC; Image: Craig Mayhew and Robert Simmon/NASA GSFC	**License:**	Public domain

[i3] - 001_001_002_image_offener_sternhaufen.jpeg
https://upload.wikimedia.org/wikipedia/commons/5/58/NGC265.jpg

Date:	2006-04-18	**di:**	Jmencisom
Artista:	Image Credit: ESA and NASAAcknowledgment: E. Olszewski (University of Arizona)	**License:**	Public domain

[i4] - 001_002_001_image_sonnenuhr.jpeg
https://upload.wikimedia.org/wikipedia/commons/1/1e/Bexhill_sundial%2C_June_2021.jpg

Date:	2021-06-08	**di:**	Poliphilo
License:	CC0		

[i5] - 001_002_001_image_milchstrasse.jpeg
https://upload.wikimedia.org/wikipedia/commons/9/9e/Milky_Way_IR_Spitzer.jpg

Date:	released	**di:**	Winiar
Artista:	Credit: NASA/JPL-Caltech/S. Stolovy (Spitzer Science Center/Caltech)	**License:**	Public domain

[i6] - 001_002_001_image_sextant.jpeg
https://upload.wikimedia.org/wikipedia/commons/4/4d/Sextant-2.jpg

Date:	2006-09-29	**di:**	Loveless
License:	Public domain		

[i7] - 001_002_003_image_zirkumpolar.jpeg
https://upload.wikimedia.org/wikipedia/commons/2/23/Long_exposition_of_the_star_trails_with_circumpolar_stars.jpg

Date:	2018-11-09	**di:**	A1Cafel
Artista:	hjrivas	**License:**	CC0

[i8] - 001_003_001_image_azimutale_projektion.jpeg
https://upload.wikimedia.org/wikipedia/commons/1/1a/Lambert_azimuthal_equal-area_projection_118.png

Date:	2007-11-19	**di:**	Prasinos
Artista:	prasinos	**License:**	Public domain

[i9] - 001_003_002_image_leo.jpeg
https://upload.wikimedia.org/wikipedia/commons/2/29/Starling%E2%80%99s_four_CubeSats_in_low_Earth_orbit_%28illustration%29_%28ACD23-0077-004%29.jpg

Date:	Taken	**di:**	OptimusPrimeBot
Artista:	NASA Ames Research Center / NASA	**License:**	Public domain

[i10] - 001_003_002_image_photodetektor.jpeg
https://upload.wikimedia.org/wikipedia/commons/c/cb/Integrated_circuit_optical_sensor.jpg

Date:	3/1/2010	**di:**	Xoneca
License:	Public domain		

[i11] - 001_003_003_image_astrokamera.jpeg
https://upload.wikimedia.org/wikipedia/commons/8/8f/Crescent_Nebula_-_Flickr_-_astrophotography_andy.jpg

Date:	Taken	**di:**	Red panda bot
Artista:	Andy Weeks	**License:**	CC0

[i12] - 001_003_003_image_katadioptrisches_system.jpeg
https://upload.wikimedia.org/wikipedia/commons/8/83/500mmMirrorLens.jpg

Date:	2005-02-10	**di:**	Rama
Artista:	Hellbus	**License:**	Public domain

[i13] - 001_003_003_image_refraktor.jpeg
https://upload.wikimedia.org/wikipedia/commons/0/01/Yerkes_40_inch_Refractor_Telescope-2006.jpg

Date:	2006-12-09	**di:**	CarolSpears
Artista:	user Kb9vrg	**License:**	Public domain

[i14] - 002_001_002_image_gasriesen.jpeg
https://upload.wikimedia.org/wikipedia/commons/5/5a/Jupiter_by_Cassini-Huygens.jpg

Date:	2000-12-07	**di:**	Jcpag2012
Artista:	NASA/JPL/University of Arizona	**License:**	Public domain

[i15] - 002_001_002_image_jupiter.jpeg
https://upload.wikimedia.org/wikipedia/commons/7/75/Portrait_of_Jupiter_from_Cassini.jpg

Date:	9 December 2000	**di:**	Cmao20
Artista:	NASA/JPL/Space Science Institute	**License:**	Public domain

[i16] - 002_001_002_image_saturn.jpeg
https://upload.wikimedia.org/wikipedia/commons/c/c7/Saturn_during_Equinox.jpg

Date:	2008-07-23	**di:**	Pi.1415926535
Artista:	NASA	**License:**	Public domain

[i17] - 002_001_002_image_ganymed.jpeg
https://upload.wikimedia.org/wikipedia/commons/2/2e/Ganymede_g1_true.jpg

Date:	1998-05-08	**di:**	Jcpag2012
Artista:	NASA/JPL	**License:**	Public domain

[i18] - 002_001_002_image_grosser_roter_fleck.jpeg
https://upload.wikimedia.org/wikipedia/commons/7/71/PIA22946-Jupiter-RedSpot-JunoSpacecraft-20190212.jpg

Date:	Taken	**di:**	Drbogdan
Artista:	NASA/JPL-Caltech/SwRI/MSSS/ Kevin M. Gill	**License:**	Public domain

[i19] - 002_001_002_image_kallisto.jpeg
https://upload.wikimedia.org/wikipedia/commons/e/e9/Callisto.jpg

Date:	2001-08-22	**di:**	Bricktop
Artista:	NASA/JPL/DLR(German Aerospace Center)	**License:**	Public domain

[i20] - 002_001_002_image_ringsystem.jpeg
https://upload.wikimedia.org/wikipedia/commons/f/fa/Saturn%27s_Rings_in_Ultraviolet_Light.png

Date:	2011-06-24	**di:**	Cmdrjameson
Artista:	NASA.	**License:**	Public domain

[i21] - 002_001_002_image_titan.jpeg
https://upload.wikimedia.org/wikipedia/commons/4/45/Titan_in_true_color.jpg

Date:	2012-01-30	**di:**	CactiStaccingCrane
Artista:	NASA/JPL-Caltech/Space Science Institute	**License:**	Public domain

[i22] - 002_001_003_image_opposition.jpeg
https://upload.wikimedia.org/wikipedia/commons/0/03/Ceres_opposition_effect.png

Date:	2019-01-11	**di:**	Renerpho
Artista:	NASA/JPL-Caltech/UCLA/MPS/ DLR/IDA	**License:**	Public domain

[i23] - 002_001_003_image_kryovulkan.jpeg
https://upload.wikimedia.org/wikipedia/commons/6/62/Doom_Mons%2C_Sotra_Patera%2C_Mohini_Fluctus_%28cropped%29.png

Date:	2007-02-22	**di:**	Sneeuwschaap
Artista:	NASA (radar image by Cassini probe)	**License:**	Public domain

[i24] - 002_002_002_image_koma_komet.jpeg
https://upload.wikimedia.org/wikipedia/commons/8/88/Kohoutek-uv.jpg

Date:	1973-12-25	**di:**	Paranoid123
Artista:	NASA	**License:**	Public domain

[i25] - 002_002_002_image_kometenschweif.jpeg
https://upload.wikimedia.org/wikipedia/commons/1/1f/Iss030e015472_Edit.jpg

Date:	2011-12-22	**di:**	Ottojula
Artista:	NASA/Dan Burbank	**License:**	Public domain

[i26] - 002_002_002_image_plasma_physik.jpeg
https://upload.wikimedia.org/wikipedia/commons/3/3c/Plasma_directed.jpg

Date:	published	**di:**	Inschanör~commonswiki
Artista:	Volker urban	**License:**	Public domain

[i27] - 002_002_003_image_komet.jpeg
https://upload.wikimedia.org/wikipedia/commons/3/3e/Deep_Impact_HRI.jpeg

Date:	2005-07-05	**di:**	The NMI User
Artista:	NASA/JPL-Caltech/UMD	**License:**	Public domain

[i28] - 002_002_003_image_radiant.jpeg
https://upload.wikimedia.org/wikipedia/commons/3/30/Meteor_burst.jpg

Date:	1995	**di:**	Hike395
Artista:	NASA Ames Research Center/S. Molau and P. Jenniskens	**License:**	Public domain

[i29] - 002_003_001_image_baumring.jpeg
https://upload.wikimedia.org/wikipedia/commons/7/7d/Tree.ring.arp.jpg

Date:	18 September 2005	**di:**	Arpingstone
License:	Public domain		

[i30] - 002_003_001_image_eisbohrkern.jpeg
https://upload.wikimedia.org/wikipedia/commons/9/9c/Icecore_4.jpg

Date:	2017-10-17	**di:**	David Levy
Artista:	Photo by Lonnie Thompson, Byrd Polar Research Center, Ohio State University.	**License:**	Public domain

[i31] - 002_003_001_image_sonnenfleck.jpeg
https://upload.wikimedia.org/wikipedia/commons/b/bc/Sunspot_TRACE.jpeg

Date:	APOD	**di:**	Conscious
Artista:	NASA/TRACE. (Public domain)	**License:**	Public domain

[i32] - 002_003_002_image_korona.jpeg
https://upload.wikimedia.org/wikipedia/commons/d/d9/Corona_from_Solar_Eclipse_on_8-21-17_%2835914011153%29.jpg

Date:	2017-08-21	**di:**	A1Cafel
Artista:	Stephen Rahn	**License:**	CC0

[i33] - 002_003_002_image_gravitationslinse.jpeg
https://upload.wikimedia.org/wikipedia/commons/0/02/Gravitational_lens-full.jpg

Date:	2005-04-18	**di:**	Lukius~commonswiki
License:	Public domain		

[i34] - 002_003_003_image_protuberanz.jpeg
https://upload.wikimedia.org/wikipedia/commons/a/a3/Giant_prominence_on_the_sun_erupted.jpg

Date:	2013-03-01	**di:**	Stas1995
Artista:	NASA/SDO/AIA/Goddard Space Flight Center	**License:**	Public domain

[i35] - 002_003_003_image_kalziumkfilter.jpeg
https://upload.wikimedia.org/wikipedia/commons/2/2c/Sunspots_on_11-26-2020_%2850650819966%29.jpg

Date:	2020-11-26	**di:**	A1Cafel
Artista:	Stephen Rahn	**License:**	CC0

[i36] - 003_001_001_image_kugelsternhaufen.jpeg
https://upload.wikimedia.org/wikipedia/commons/6/68/M15_globular_cluster_core_%28opo9025a%29.jpg

Date:	16 January 1991	**di:**	OptimusPrimeBot
Artista:	NASA	**License:**	Public domain

[i37] - 003_001_001_image_exoplanet.jpeg
https://upload.wikimedia.org/wikipedia/commons/d/dc/NASA-Exoplanet-WaterWorlds-20180817.jpg

Date:	2018-08-17	**di:**	Drbogdan
Artista:	NASA	**License:**	Public domain

[i38] - 003_001_001_image_radioteleskop.jpeg
https://upload.wikimedia.org/wikipedia/commons/8/83/Milky_Way_galaxy1.jpg

Date:	2020-10-19	**di:**	CRS-20
Artista:	National Aeronautics and Space Administration	**License:**	Public domain

[i39] - 003_001_001_image_spiralgalaxie.jpeg
https://upload.wikimedia.org/wikipedia/commons/0/02/NGC_2683_Spiral_galaxy.jpg

Date:	2012-03-31	**di:**	Dipankan001
Artista:	NASA	**License:**	Public domain

[i40] - 003_001_001_image_sternhaufen.jpeg
https://upload.wikimedia.org/wikipedia/commons/0/0c/Star_Cluster_R136_%28opo9404b%29.jpg

Date:	13 January 1994	**di:**	OptimusPrimeBot
Artista:	NASA	**License:**	Public domain

[i41] - 003_001_002_image_andromedagalaxie.jpeg
https://upload.wikimedia.org/wikipedia/commons/f/ff/Andromeda_galaxy.jpg

Date:	2003-12-10	**di:**	FriedrichKieferer
Artista:	NASA/JPL/California Institute of Technology	**License:**	Public domain

[i42] - 003_001_002_image_sternbild_andromeda.jpeg
https://upload.wikimedia.org/wikipedia/commons/8/8e/The_Andromeda_Galaxy_old.jpg

Date:	sconosciuto	**di:**	Killarnee
Artista:	NASA	**License:**	Public domain

[i43] - 003_001_002_image_teleskop.jpeg
https://upload.wikimedia.org/wikipedia/commons/9/99/James_Webb_Space_Telescope_Mirror37.jpg

Date:	2010-07-13	**di:**	Papa Lima Whiskey
Artista:	NASA/MSFC/David Higginbotham/ Emmett Given	**License:**	Public domain

[i44] - 003_001_003_image_elliptische_galaxien.jpeg
https://upload.wikimedia.org/wikipedia/commons/6/67/NGC_4697-_Black_Holes_in_Elliptical_Galaxy_Point_to_Wild_Youth_%282002-1140_-_1140_optical%29.jpg

Date:	4 June 2002	**di:**	OptimusPrimeBot
Artista:	Digital Sky SUrvey	**License:**	Public domain

[i45] - 003_001_003_image_galaxienhaufen.jpeg
https://upload.wikimedia.org/wikipedia/commons/b/bb/Firestorm_of_Star_Birth_in_Galaxy_Centaurus_A.jpg

Date:	2012-03-09	**di:**	Pine
Artista:	User:Dipankan001	**License:**	Public domain

[i46] - 003_001_003_image_radiohalo.jpeg
https://upload.wikimedia.org/wikipedia/commons/b/b9/Cluster_Collisions_Switch_on_Radio_Halos_-_Copy.jpg

Date:	2012-09-28	**di:**	ExtraRed
Artista:	Joseph DePasquale	**License:**	Public domain

[i47] - 003_002_001_image_nebelfilter.jpeg
https://upload.wikimedia.org/wikipedia/commons/8/86/Rosette_nebula_s.jpg

Date:	2007	**di:**	Ras67
Artista:	Nwright6302	**License:**	Public domain

[i48] - 003_002_001_image_reflektor.jpeg
https://upload.wikimedia.org/wikipedia/commons/e/ef/PSM_V81_D415_The_keeler_memorial_reflector_telescope.png

Date:	1912	**di:**	Ineuw
Artista:	Unknown authorUnknown author	**License:**	Public domain

[i49] - 003_002_001_image_schmalbandfilter.jpeg
https://upload.wikimedia.org/wikipedia/commons/8/85/Fleming%27s_Triangle_in_HOO_-_Flickr_-_astrophotography_andy.jpg

Date:	Taken	**di:**	Red panda bot
Artista:	Astrophoto Andy	**License:**	CC0

[i50] - 003_002_002_image_emissionslinien.jpeg
https://upload.wikimedia.org/wikipedia/commons/6/6e/Proplyd_in_Orion_Nebula_%281995-45-355%29.jpg

Date:	20 November 1995	**di:**	OptimusPrimeBot
Artista:	Credit: Mark McCaughrean (Max-Planck-Institute for Astronomy), C. Robert O'Dell (Rice University), and NASA	**License:**	Public domain

[i51] - 003_002_002_image_galaktische_ebene.jpeg
https://upload.wikimedia.org/wikipedia/commons/2/2f/Galactic_Center_Magnetized_Threads_radio.jpg

Date:	2021-04-26	**di:**	Artem.G
Artista:	X-ray: NASA/CXC/UMass/Q.D. Wang; Radio: NRF/SARAO/MeerKAT	**License:**	Public domain

[i52] - 003_002_002_image_oiiifilter.jpeg
https://upload.wikimedia.org/wikipedia/commons/4/47/Supernova_Remnant_Abell_85_in_HOO_-_Flickr_-_astrophotography_andy.jpg

Date:	Taken	**di:**	Red panda bot
Artista:	Astrophoto Andy	**License:**	CC0

[i53] - 003_002_002_image_zentralstern.jpeg
https://upload.wikimedia.org/wikipedia/commons/d/d1/Hen_1357-_A_Young_Planetary_Nebula_%281993-02-91%29.jpg

Date:	5 January 1993	**di:**	OptimusPrimeBot
Artista:	Credit: Matt Bobrowsky (CTA INCORPORATED), and NASA.	**License:**	Public domain

[i54] - 003_002_002_image_bulge.jpeg
https://upload.wikimedia.org/wikipedia/commons/d/d1/Galactic_Bulge_%282020-56-4762%29.png

Date:	27 October 2020	**di:**	OptimusPrimeBot
Artista:	CTIO/NOIRLab/NSF/AURA/, W. Clarkson (UM-Dearborn), C. Johnson (STScI), and M. Rich (UCLA)	**License:**	Public domain

[i55] - 003_002_003_image_plejaden.jpeg
https://upload.wikimedia.org/wikipedia/commons/a/ad/Reflection_nebula_IC_349_near_Merope.jpg

Date:	2007-09-17	**di:**	Liftarn
Artista:	Worldtraveller	**License:**	Public domain

[i56] - 003_002_003_image_astrofotografie.jpeg
https://upload.wikimedia.org/wikipedia/commons/8/89/NGC_2264_Christmas_Tree_Nebula.jpg

Date:	2018-03-20	**di:**	ToBeFree
Artista:	Dylan O'Donnell, deography.com	**License:**	CC0

[i57] - 003_003_001_image_runawaysterne.jpeg
https://upload.wikimedia.org/wikipedia/commons/c/ca/Runaway-star-zeta-ophiuchi-110125.jpg

Date:	2011-02-14	**di:**	Wimre
Artista:	NASA/JPL-Caltech/WISE Team	**License:**	Public domain

[i58] - 003_003_002_image_spektrum.jpeg
https://upload.wikimedia.org/wikipedia/commons/5/52/Globular_Cluster_NGC_1850%2C_Take_Two_%2852515824723%29.jpg

Date:	Taken	**di:**	OptimusPrimeBot
Artista:	NASA Hubble	**License:**	Public domain

[i59] - 003_003_003_image_infrarotstrahlung.jpeg
https://upload.wikimedia.org/wikipedia/commons/f/f7/Infrared_Helix.jpg

Date:	2006-01-09	**di:**	Mywood
Artista:	NASA/JPL-Caltech/J. Hora	**License:**	Public domain

[i60] - 004_001_001_image_gravitationslinsenwirkung.jpeg
https://upload.wikimedia.org/wikipedia/commons/d/df/Gravitational_lensing_equation.png

Date:	2009-12-05	**di:**	Abeshenkov
License:	Public domain		

[i61] - 004_001_001_image_schwarzes_loch.jpeg
https://upload.wikimedia.org/wikipedia/commons/a/ab/Black_hole_%28NASA%29.jpg

Date:	2001-10-22	**di:**	Keraunoscopia
Artista:	NASA/D. Berry	**License:**	Public domain

[i62] - 004_001_001_image_neutronenstern.jpeg
https://upload.wikimedia.org/wikipedia/commons/2/23/Neutron_Star_X-ray_beaming_with_accretion_disk.jpg

Date:	2014-10-08	**di:**	Raphael.concorde
Artista:	NASA	**License:**	Public domain

[i63] - 004_001_002_image_akkretionsscheibe.jpeg
https://upload.wikimedia.org/wikipedia/commons/a/a6/Black_Hole_with_Accretion_Disk_Visualization_%28SVS14619_-_1-Approaching_a_black_hole-HD_00001_print%29.jpg

Date:	17 July 2024	**di:**	OptimusPrimeBot
Artista:	NASA's Scientific Visualization Studio - Caltech-IPAC/Robert Hurt, Caltech-IPAC/Keith Miller, NASA/JPL/Chelsea Gohd, Global Science and Technology, Inc./Ella Kaplan, NASA/GSFC/Mark SubbaRao	**License:**	Public domain

[i64] - 004_002_001_image_cherenkovlicht.jpeg
https://upload.wikimedia.org/wikipedia/commons/f/f5/Reactor-core-from-above-1400-opt_tcm18-278435.jpg

Date:	2020-10-16	**di:**	TheGamingEagle
Artista:	University of Massachusetts, Lowell	**License:**	Public domain

[i65] - 004_002_001_image_hintergrundstrahlung.jpeg
https://upload.wikimedia.org/wikipedia/commons/e/ed/WMAP_2012.png

Date:	2012-12-21	**di:**	Ayane m
Artista:	NASA / WMAP Science Team	**License:**	Public domain

[i66] - 004_002_001_image_extragalaktische_strahlungsquelle.jpeg
https://upload.wikimedia.org/wikipedia/commons/3/31/Extragalactic_Space_Balls.jpg

Date:	2010-10-27	**di:**	Spitzersteph
Artista:	NASA/JPL-Caltech/T. Pyle (SSC/Caltech)	**License:**	Public domain

[i67] - 004_002_002_image_supernova.jpeg
https://upload.wikimedia.org/wikipedia/commons/d/d4/Keplers_supernova.jpg

Date:	The Chandra observations were taken in June 2000, the Hubble in August 2003, and the Spitzer in August 2004.	**di:**	BevinKacon
Artista:	NASA/ESA/JHU/R.Sankrit & W.Blair	**License:**	Public domain

[i68] - 004_002_002_image_aktiver_galaktischer_kern.jpeg
https://upload.wikimedia.org/wikipedia/commons/5/5a/A_Double_Nucleus_in_Active_Galaxy_Markarian_315_%281993-03-92%29.jpg

Date:	7 January 1993	**di:**	OptimusPrimeBot
Artista:	Photo Credit: J. MacKenty (STScl), and NASA.	**License:**	Public domain

[i69] - 005_001_001_image_iridiumflare.jpeg
https://upload.wikimedia.org/wikipedia/commons/8/83/Iridium_flare_20080807.png

Date:	2008-08-07	**di:**	Georange
Artista:	Gyorgy Jakubisz	**License:**	Public domain

[i70] - 005_001_002_image_satellitenkonstellation.jpeg
https://upload.wikimedia.org/wikipedia/commons/e/e2/GPS-constellation-3D-NOAA.jpg

Date:	2008-05-27	**di:**	Kf4yfd
Artista:	U.S. Govt Source	**License:**	Public domain

[i71] - 005_001_003_image_nachfuehrung_astronomie.jpeg
https://upload.wikimedia.org/wikipedia/commons/e/e5/ICESat_O1-01-Star_Tracker.jpg

Date:	Taken	**di:**	Pline
Artista:	NASA	**License:**	Public domain

[i72] - 005_001_003_image_strichspur.jpeg
https://upload.wikimedia.org/wikipedia/commons/f/f2/International_Space_Station_star_trails_-_JSC2012E039800.jpg

Date:	2012-04-05	**di:**	Spideog
Artista:	NASA/Don Pettit	**License:**	Public domain

[i73] - 005_003_002_image_kosmologie.jpeg
https://upload.wikimedia.org/wikipedia/commons/2/2d/WMAP_2010.png

Date:	2010-07-14	**di:**	LobStoR
Artista:	NASA	**License:**	Public domain

[i74] - 005_003_003_image_hyperwuerfel.jpeg
https://upload.wikimedia.org/wikipedia/commons/7/78/5_Dimensional_Hypercube_With_Hidden_Lines.jpg

Date:	2024-03-22	**di:**	Tigerfarm1
License:	CC0		

[i75] - 005_003_003_image_polytop.jpeg
https://upload.wikimedia.org/wikipedia/commons/5/55/Hemitesseract-graph.png

Date:	2024-07-25	**di:**	Tomruen
License:	CC0		

FSC
www.fsc.org
MIX
Papier | Fördert gute Waldnutzung
FSC® C083411

Kolibri 360 GmbH
Ferdinand-Jühlke-Straße 7
99095 Erfurt, Deutschland
produktsicherheit@kolibri360.de